U0130513

走近葡萄酒

走進中國酒莊

蘭晶

Contents

序一

佳人慧眼識美酒

當看完蘭晶小姐著作打印稿後，很有感觸。品嚐葡萄酒是當下年青人的時髦玩意兒，他們拿起酒杯滔滔不絕的談論，多是法、美、英、意出產的葡萄酒如何、如何，很少人注意到中國葡萄酒。蘭晶小姐是一個時代女性，喜愛葡萄酒，她走訪了三十多個國家，還不辭勞苦，走訪中國葡萄酒莊，逐一介紹。她告訴讀者一個訊息，中國酒莊是可以釀出世界級的葡萄酒的。我佩服她的智慧，更相信她的介紹。

葡萄和葡萄酒據説是漢代張騫出使西域時帶回來的，從此在中國的土地上落地生根，已有一千多年的歷史了。到唐代大詩人李白寫出了「葡萄美酒夜光杯」的名句，流傳千古。可能是中國地大物博，酒資源太豐富了，中原各地都盛產自己地區的名酒，葡萄酒流傳不廣。直至晚清，張裕釀酒公司大量用機械生產，葡萄酒才流行全國。

現在，由於中國經濟發達，人民生活水平提高，生產葡萄酒的酒莊也發展起來，成為世界第六大葡萄酒產區。酒莊遍佈新疆北部、寧夏賀蘭山東麓、甘肅河西走廊等地，精品不斷出現，在國際葡萄酒賽事屢獲殊榮。中國葡萄酒產業享譽世界為期不遠。

感謝蘭晶小姐為我們提供這麼豐富的關於葡萄酒的知識，祝這本書一紙風順。

李祖澤

香港報業公會會長、香港出版總會永遠榮譽會長

二〇一八年十月十九日

序二

孜孜不倦的探索精神

與蘭晶（Stacey）相交，自她在香港讀大學開始，不覺轉瞬十年，猶記當年還在讀書的小妮子，既精靈，又勤快，進取心強，且富學習精神，予我相當深刻印象。

當年，嗜美酒佳餚的我，不時與朋友們在香港深圳尋美食，而 Stacey 亦常受邀參與我們的飯聚，當中，我作為前輩，與她分享不少品嚐葡萄酒與美食的體驗與知識，並在我的鼓勵下，她還大膽執筆寫起食評及酒評，估不到英語系畢業的她，中文寫作水平頗高，文章獲香港的主流報刊雜誌採用發表。

三年前，她以其好學不斷的精神，攻讀葡萄酒課程，並參加不少品酒班與品酒活動，在其刻苦鑽研下，她對葡萄酒的學識突飛猛進，更難得她遊歷中國大地，尋訪中國生產葡萄酒的酒莊，去深度了解中國葡萄酒業的發展，以及每個酒莊所釀造葡萄酒的特點。

在學有所成下，她把其研究心得寫成《走近葡萄酒 走進中國酒莊》一書，既是一本深入淺出的葡萄酒入門 ABC，也是一本深度介紹中國葡萄酒的著作，我相信，無論是初學飲葡萄酒的入門者，還是有相當酒齡的飲家，讀此書都會有所裨益。

在此，謹祝 Stacey 首本葡萄酒著作一紙風行，賣個滿堂紅。

麥華章

《香港經濟日報》、《晴報》、《U Magazine》社長、香港食評家及酒評家

序三

博雅之喜

食是一個國家文化的重點部分，它反映了民族的風格、歷史和其生活習慣。中國省份眾多，每個省市都有其飲食特色，尤是近二十年，對於葡萄酒的融入，無形是給經營餐飲業者添了新的一課。

葡萄酒起源於歐洲，繼而北美洲及南美洲，而南半球的澳洲及紐西蘭現今也大行其道。中國有十幾億人口，又怎能例外呢。

作為經營飲食之眾，在短短時間內要認識眾多中國酒莊殊屬不易。幸得蘭晶君走訪中國各地酒莊，記錄分析詳盡，深入淺出，在《走近葡萄酒　走進中國酒莊》一書中，詳加闡明。讀後實如親歷其景，增廣見聞，每個酒莊也有一篇相關文章，分享其心得。中國紅酒文化從今開始又踏進新的領域。

梁文韜

食神

大榮華酒樓董事經理

序四

共推新世代的中國飲酒新文化

「俯仰各有態，得酒詩自成。」酒和文化的融合造就出中國特有的酒文化，滲透融匯於整個中華五千年的文明史中，既在頌揚「中國故事」，也在傳揚中華文明，提升民族軟實力。

中國是造酒的古國，在龍山文化時期出現了自然發酵的果酒，東漢引進了葡萄酒，宋代發明了蒸餾法釀製的白酒，從文學藝術創作、養生保健等各方面，都佔有重要位置，而近年流行的葡萄酒風，則將中西酒文化混合在一起，品味中國人的精神文化新價值。

目前，除了傳統白酒外，中國多個葡萄酒產區都出現精品酒莊，讓釀酒葡萄品種的區域化、酒種的區域化、市場推廣，以及消費者對葡萄酒的認知和接受等，都在快速打磨提升。走進中國酒莊、品嚐葡萄佳釀，讓人充滿期待！

霍震霆
霍英東集團主席

自序

釀中國瓜分世界葡萄酒版圖

從格魯吉亞的尖底陶罐到古波斯的細頸雙耳罐，從小亞細亞里海與黑海到南高加索中亞細亞阿拉伯，再到希臘羅馬高盧，葡萄從野生採摘到被馴化，到最後廣泛種植，這些都無不見證著人類幾千年的葡萄酒釀造進化史。從我國最早的「一帶一路」大使──張騫出使西域，將葡萄種植及釀造葡萄酒的匠人從西域帶回中原開始，葡萄與葡萄酒業便在中國的土地上生根發芽；展葉於盛唐，「葡萄美酒夜光杯，欲飲琵琶馬上催」便是最好佐證；開花於元朝，彼時在山西流傳的「自言我晉人，種此如種玉，釀之成美酒，令人飲不足」是元朝葡萄酒業欣欣向榮的寫照；在晚清終於結出碩果，愛國華僑張弼士創建張裕釀酒公司，引領中國的葡萄酒釀造業走向工業化，也成為中國葡萄酒廠的先驅。時至今日，在全球葡萄酒釀造業蓬勃發展的今天，中國已逐漸發展成為全球第六大葡萄酒生產國。中國的葡萄酒產區主要分佈在新疆北部、河北昌黎、甘肅武威、山東煙台、寧夏賀蘭山東麓等地區，這些產區湧現出一批極富潛力的精品酒莊。

開設酒莊釀造葡萄酒，尤其是想釀造出好的葡萄酒，離不開天時地利與人合。精品酒莊在這些地區湧現，究其原因，與其所處的地理位置息息相關。新疆北部、寧夏賀蘭山東麓等大部分產區皆位於北緯 30-40 度世界種植葡萄的黃金地帶，顯著的溫帶大陸性氣候令這些地區冬季嚴寒夏季炎熱，乾燥少雨、陽光充足，晝夜溫差大，利於葡萄風味及糖分的累積；加之乾旱半乾旱地區的土壤通透性好，利於葡萄的種植栽培；當然還有一代代釀酒人的醉心堅持與投入，釀出好酒也是水到渠成。儘管相較法國等一些舊世界釀酒國，作為新世界釀酒國一員的中國還有很大的上升空間，但只要結合天時地利人和，找準定位，善於挖掘和發揮產區風土及特色，中國終將成為世界葡萄酒版圖上舉足輕重的一員。

也有人喜歡將中國的一些產區比作「中國波爾多」，法國波爾多的成功已毋庸置疑，但與波爾多處於同緯度的大部分中國產區在日照、降雨等釀酒的自然條件實際上是優於波爾多的，中國的產區應不僅僅止步於「中國波爾多」，中國葡萄酒產業的夢想亦不是成為第二個波爾多，而是打造世界上獨一無二、各具特色的中國葡萄酒產區。從寧夏賀蘭山東麓賀蘭晴雪酒莊呈現出讓世界認識寧夏產區的加貝蘭，到進入英國頂級奢侈品百貨公司哈囉德（Harrods）的山西怡園酒莊莊主珍藏，再到首款榮登葡萄酒拍賣殿堂的中國葡萄酒——敖雲，中國酒莊釀造的好葡萄酒正一步步向世人打開中國葡萄酒的大門，這便是「民族的就是世界的」的最好印證。作為一名愛好葡萄酒的媒體人，作者願為這些獨一無二的中國產區與各具特色的中國酒莊搖旗吶喊：誰說中國酒莊釀不出好葡萄酒？

蘭晶

二〇一七年十一月八日於香港

第一章

一瓶葡萄酒的誕生

葡萄酒以葡萄果實為原料，要釀酒則先要有成熟的葡萄，否則也是巧婦難為無米之炊。和人一樣，葡萄有著自己的生命週期，經歷春夏秋冬生老病死，只不過，我們有幾十載的一生，葡萄卻只有一年。從冬日抽芽到展葉開花，自豌豆大小長至果實成熟採收後，樹葉慢慢變黃脱落，塵歸塵，土歸土，隨後進入下一個生命輪迴。與此同時，葡萄園的酒農們也從冬季至來年九月，一刻不停歇得細心呵護照料這些葡萄園中的精靈們直至採收季節。

機器採收葡萄

葡萄採摘

葡萄的採摘日期取決於葡萄籽粒的成熟度。葡萄的酸度會隨葡萄的成熟而減少，而糖分及鞣酸會增加。適當酸度及酒精度的平衡會彰顯葡萄酒的特性。正所謂「花開堪折直須折，莫待無花空折枝」，錯過葡萄最適宜採摘的時間或遭遇壞天氣使葡萄腐爛變質，葡萄園一年的辛勤勞作也將付諸東流。葡萄的採收既可使用機器採摘，也可採用人工採摘。

1. 機器採摘：適宜機器採摘的葡萄園一般都是位於平坦地勢上的大規模葡萄園。機器震動使葡萄自莖幹脱落。其最大的優勢在於效率極高，尤其是在葡萄成熟採摘期需要爭分奪秒的時節。

2. 人工採摘：優勢在於採摘的葡萄更為完整，但相較機器採摘，成本較高。當葡萄園需整串葡萄時，便需人工採摘。同樣，位於陡峭地勢的葡萄園或勞動力成本較低的地區也可採用人工採摘。

無論是用機器收割或手工採摘的葡萄，都可以釀出最高質量的酒，頗有點「英雄莫問出處」的意味。

葡萄酒的釀造

成熟的葡萄果實由外而內依次是果梗、果皮、果肉及葡萄籽。葡萄釀造成葡萄酒的所需的原料：轉化為酒精所需的糖、色素、單寧、水及酸等都由葡萄果實提供。葡萄酒中除來自橡木桶的單寧外，果梗、果皮及葡萄籽是大量單寧的來源。

葡萄如何從廉價的水果脫胎換骨、華麗變身，成為身價百倍的「瓶中風景」，抑或是葡萄酒鑒賞家眼中的性感尤物，這一神聖使命只有通過釀造來完成，而這一過程的核心環節就是發酵。當酵母消耗掉葡萄汁中的糖分後，產出酒精、二氧化碳和熱量，將葡萄汁中的風味轉移到葡萄酒中。

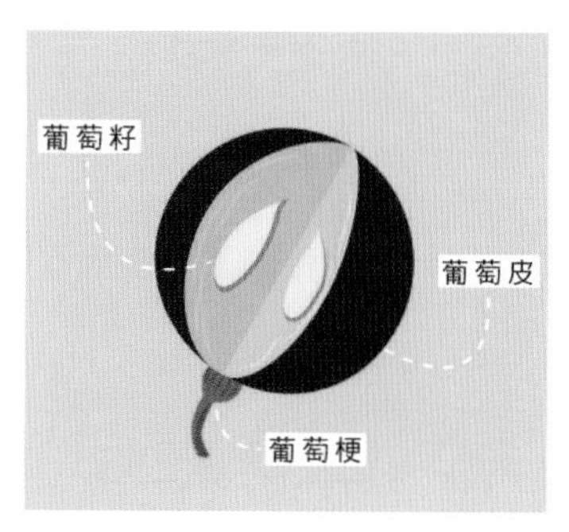

葡萄的結構

因幾乎所有葡萄的果肉都是無色的，所以紅葡萄酒及桃紅葡萄酒的顏色是在發酵過程中，從果皮中得來的。如果皮與果汁一同浸製的時間較短，酒液顏色較淺或無顏色，這就是用紅葡萄品種釀製桃紅葡萄酒的方法。因此，白葡萄酒可用紅葡萄或白葡萄品種釀造而成；而紅葡萄酒只能用紅葡萄酒品種釀造。

白葡萄酒

對於白葡萄酒，通常是採收來的白葡萄經除梗、篩選、清洗後，再將其破碎，使果皮裂開，並通過壓榨將葡萄汁分離出來，之後加入商業酵母或天然酵母。二者區別在於：商業酵母可預知發酵的結果，而天然酵母則是產自葡萄園或酒莊，釀酒師認為天然酵母會為葡萄酒帶來更具香味和特色的產物。

隨後葡萄汁被轉移到發酵容器中，通常是不鏽鋼槽，亦可是橡木桶或頂部開放的水泥或木質發酵器。白葡萄酒需在 12-20 攝氏度這樣較低溫度下發酵，以保留精緻的果香及新鮮的口感。

紅葡萄酒

紅葡萄酒的釀造也是先將葡萄破碎得到葡萄汁，然後將汁液與果皮一同置於發酵容器，其發酵的溫度相較白葡萄酒較高，為 20-32 攝氏度。酒精幫助酒液從果皮中獲取色素、單寧、味道及多酚物質等。

為保持汁液與果皮的接觸，需將下層汁液抽上來淋於漂浮在上層的果皮上，或將果皮壓進汁液中（稱為淋皮或壓帽），如在勃艮第，這項工作多為人工完成，且每日需重複數次，除要忍受刺鼻的二氧化碳味，有時還會不慎跌入數米深的發酵容器中窒息而亡。所以，滴滴優雅而美好的葡萄酒背後皆是酒農辛苦的耕耘與勞作。

發酵完成後的酒液中，所含色素及單寧和多酚物質等取決於：

1. 酒液與果皮接觸時間的長短：味道濃郁的紅葡萄酒需兩周的時間方可得到豐富的香味；相比之下，較清淡的葡萄酒如博若萊（Beaujolais）僅需 5 天左右即可。

2. 也取決於葡萄皮中色素、單寧及風味的含量，有些紅葡萄品種的色素及單寧本身就較少，如黑皮諾。炎熱的天氣會增加葡萄皮中色素及單寧

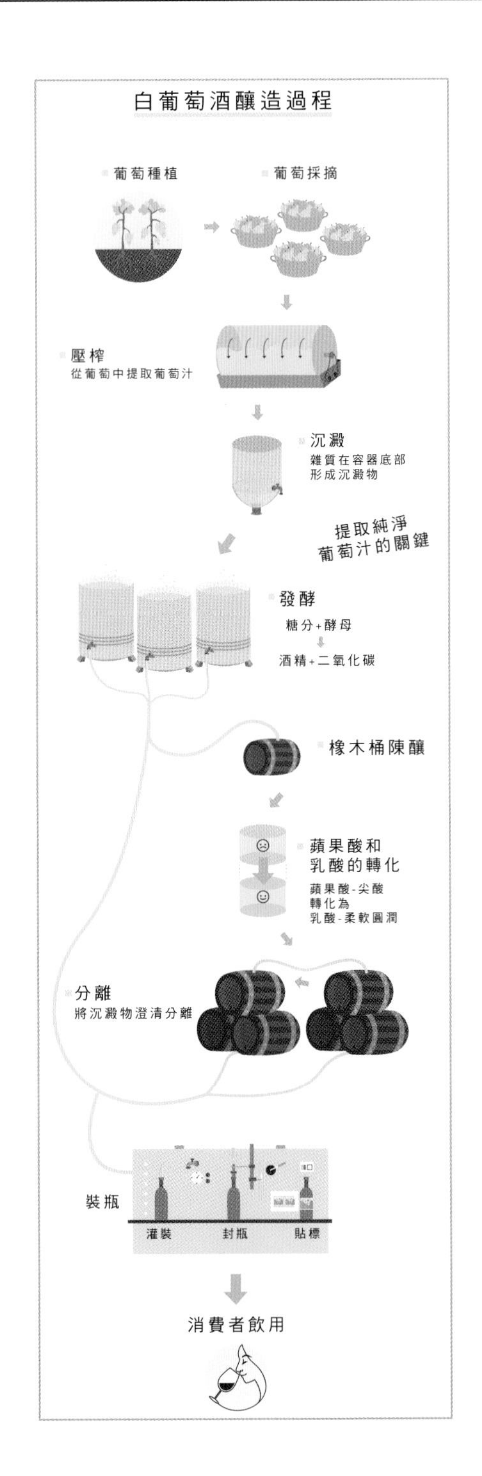

物質的含量。

酒液獲取足夠的色素及單寧後，便會流出，成為自流酒；剩下的皮渣則經壓榨，得到單寧含量更高的壓榨酒，並與自流酒混合得到所需風格的葡萄酒。

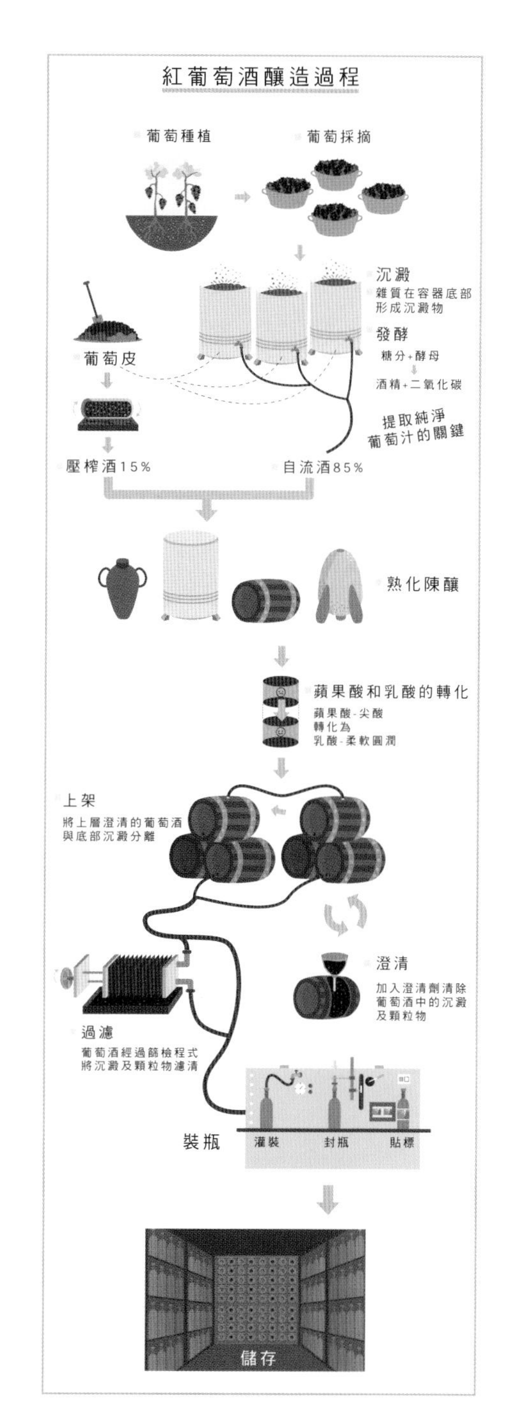

桃紅葡萄酒

桃紅葡萄酒的釀造原料也是紅葡萄品種，其釀造方法與紅葡萄酒相似，但發酵溫度較低為12-22攝氏度，汁液與果皮接觸時間亦較短為12-36小時。此釀造方法最典型的例子便是白金粉黛（White Zinfandel）桃紅葡萄酒。

葡萄酒的橡木風味

要使葡萄酒擁有橡木的風味，大致有以下兩種方法：

1. 葡萄酒與橡木接觸。通常是將橡木條或橡木片加入發酵罐中，最低成本的做法則是加入橡木香精。如聞到很突出而不愉悅的橡木味或品嚐後單寧與酒體不協調，單寧味道十分突出，則有可能是加入橡木片或橡木香精，並非真正橡木桶陳釀。

2. 葡萄酒在橡木桶中發酵或熟化。橡木桶較常見的產地是法國、美國或格魯吉亞等地。法國或歐洲的橡木桶較美國橡木桶更貴，但會提供更精緻的烘烤及堅果香味，單寧也會更柔和；美國橡木桶則會賦予酒液甜美的椰子及香草香味，但單寧較澀。採用橡木桶發酵或熟化這種方法的成本很高，尤其使用新橡木桶，全因橡木價格較高。

最好的葡萄酒須通過橡木桶的發酵或熟化來得到橡木風味。對於優質的霞多麗白葡萄酒來説，在橡木桶中發酵或熟化是十分普遍的，包括勃艮第地區的霞多麗葡萄酒。許多紅葡萄酒，尤其是頂級質量的，會在橡木桶中熟化。

葡萄酒的熟化

熟化可以是在橡木桶或大、中型的不鏽鋼或木質大桶中進行，亦可在瓶中陳年。這一過程的最大意義是酒中緩慢的化學反應為酒帶來複雜的香味及風味。

熟化分為有氧熟化及無氧熟化。

1. 有氧熟化：熟化過程中使用新橡木桶，酒液會與桶產生物質交換與吸附，從而直接賦予葡萄酒橡木味，而如使用舊橡木桶則不會直接為酒增加香味。但無論新舊橡木桶都有微小的空隙，使得少量的氧氣可溶解於酒液之中，進而軟化酒中的單寧，使其口感更柔順，同時亦可帶來太妃糖、咖啡、無花果及榛子、杏仁、核桃等堅果的香味。

2. 無氧熟化：由於是在密封的不鏽鋼或水泥桶中或酒瓶中熟化，沒有氧氣或其他香味滲入，熟化過程中所發生的化學反應與橡木桶中的也不盡相同。無氧熟化過程中，葡萄酒的風味在不鏽鋼桶中可維持數月而無變化，但在空間較小的瓶中，其變化速度則會加速。年輕葡萄酒新鮮的果味會在無氧的瓶中變成煮製水果、植物或動物的香氣，如蘑菇、濕樹葉、皮革等。

對於普遍的葡萄酒來説，瓶中陳釀並不會改善葡萄酒的味道，相反精緻迷人的果香會隨時間的推移而消逝，如未有其他香味衍生出來取而代之，酒味也會因此變得乏味；亦或者會有植物或動物等不討喜的氣味衍生出來。對於一些較特殊的葡萄酒，如香檳或起泡酒，瓶中陳化不僅可以保留精緻的果味，其他複雜的香氣也會衍生出來。它們通常不易釀造且價格高昂，但香氣和風味卻不會令你失望。

下膠

於不同發酵桶發酵熟化的酒液需進入大型混酒罐進行混合，這是必要的一個環節，以保證每一瓶葡萄酒的味道相同，因每個發酵桶的酒都存在微小的差異。之後便可下膠靜置澄清。

下膠是對酒液進行澄清和純化

法國橡木桶與美國橡木桶對比

橡木種類	法國橡木	美國橡木
質地特點	生長氣候涼爽，紋理細密質地堅硬，影響酒液香氣緩慢。	生長氣候溫和，紋理寬鬆質地較軟，影響酒液香氣較快。
製作方法	延展性低、沿樹紋切割，出材率低。	延展性高，可任意切割，出材率高。
價格	1000-3000美元左右	500美元左右
呈現風味	單寧較柔軟，香氣優雅（烘烤，堅果等香氣）	單寧較粗獷，香氣直接（香草，椰子等香氣）

葡萄膠

的過程。發酵完成後體積較大的皮渣已經去除，但仍有許多細小的殘渣殘留於酒液之中，這時便需要使用既可帶走殘渣而又不影響酒液風味的下膠劑登場。最常用的下膠劑有明膠（Gelatin）、魚膠（Isinglass，某些特定魚類的魚鰾）、牛奶及蛋清（Egg-white）等。蛋白有助於吸附酒液中的殘渣而結合產生沉澱，靜置之後便可過濾裝瓶了。

過濾裝瓶

當然，一些產區（如勃艮第）的大多數酒莊為了保留葡萄酒的原始風格，用較長的桶陳時間（長達 18 個月）取代過濾，這樣酒液也會十分澄清以達到裝瓶條件。

綜上所述，白葡萄酒和紅葡萄酒的釀造過程可概括為：

白葡萄酒：破碎——壓榨——發酵——熟化——裝瓶

紅葡萄酒：破碎——發酵——壓榨——熟化——裝瓶

不難看出，紅白葡萄酒在破碎之後的壓榨與發酵兩個步驟是完全相反的，這是為什麼呢？原來釀造白葡萄酒時破碎後的葡萄要經壓榨得到葡萄汁，而含有色素的果皮會被移除，只有葡萄汁進入發酵環節。相反，釀造紅葡萄酒時需保留來自葡萄皮的色素及單寧，在葡萄破碎後，果皮與葡萄汁一同進行發酵。

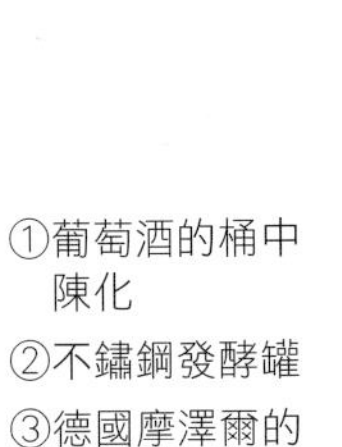

①葡萄酒的桶中陳化
②不鏽鋼發酵罐
③德國摩澤爾的葡萄園

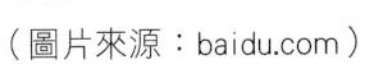

（圖片來源：baidu.com）

④

採摘期

甜度：23 Brix
酸度：3.5 ph
成熟度：黃色葡萄籽
所釀之酒：低酒精度、高酸度、較青澀的單寧

甜度：26 Brix
酸度：4 ph
成熟度：棕色葡萄籽
所釀之酒：高酒精度、低酸度、較柔和的單寧

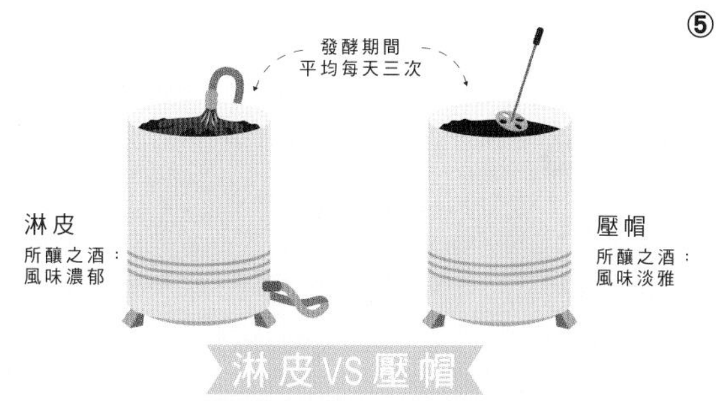

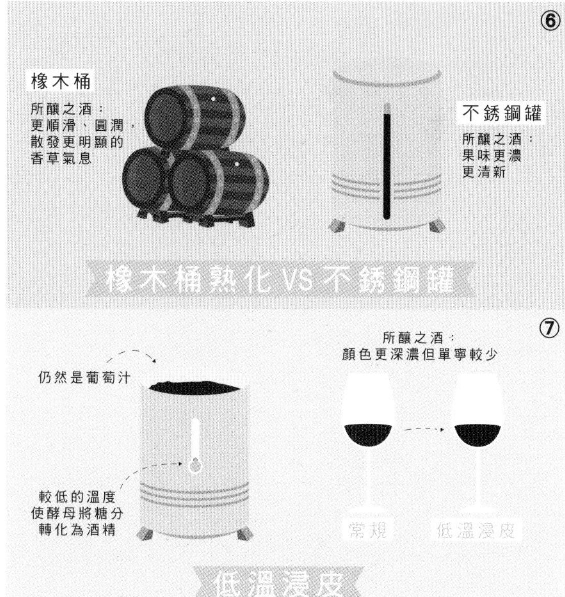

④採摘期的葡萄

⑤淋皮及壓帽

⑥橡木桶發酵及不鏽鋼罐發酵

⑦葡萄汁與果皮浸泡時間的長度直接影響紅葡萄酒的顏色、單寧含量、味道及多酚物質。

第二章
不得不讀的酒標

一枚小小的酒標所傳達出的信息可以讓飲酒者瞭解葡萄酒的身世來源甚至酒的質量。對於剛接觸葡萄酒的新人來說，酒標的解讀是一件較棘手的事情，因為酒標上往往標示出許多外文詞彙及葡萄酒術語。解讀酒標是門學問，但是就算再難也是有規律可循的。雖然新舊世界及每個國家的酒標格式都不盡相同，但酒標上的主要信息不外乎以下八種，讀懂它們，讀懂酒標就迎刃而解了。

勃艮第葡萄酒的酒標

1. 葡萄酒酒莊／葡萄園／生產商

這是出產葡萄酒的酒莊或商標的名稱，在法國，波爾多多標示為Chateau，中文意為「城堡」；而勃艮第則多用Domaine標註，意為「酒園」，是指葡萄酒全部由自己種植的葡萄釀造的酒莊，如現在成為中國富豪新寵的羅曼尼——康帝Domaine Romanee Conti就是很好的例子。這些都是非常重要的信息，基本上可以判斷葡萄酒的質量。這一信息在波爾多葡萄酒酒標上尤為明顯，因為酒莊是波爾多產區葡萄酒質量的可靠保證。在勃艮第產區，葡萄園是葡萄酒質量的最佳指標。而在世界其他產區，如意大利的皮埃蒙特（Piedmonte），葡萄園和生產商對葡萄酒質量都有很大的影響。同一生產商釀造的葡萄酒有可能來自不同的葡萄園，所以要將二者結合再評估葡萄酒的品質。

2. 產區

產區可以解釋葡萄酒的風格濃郁度及風味特徵等。例如，波爾多出產的赤霞珠葡萄酒通常會比納帕谷的赤霞珠酒精度低一些。在勃艮第，產區的信息尤為重要，因為不同子產區的微氣候及風土差異顯著，所產的葡萄酒當然也就風格迥異。例如，熱夫雷——香貝丹（Gevrey-Chambertin）的葡萄酒相較沃恩——羅曼尼（Vosne-Romanee）的總體風格上強勁一些。

酒標上所標示的產區有的會像波爾多或加利福尼亞這樣的大產區，有的會標示如波雅克或 Vosne-Romanee 一樣的村莊級產區，當然也會有如 Trittnheimer Altarchen 具體到葡萄園的產區標示。部分產酒國為一保護本國的葡萄酒行業，對葡萄酒產區的葡萄品種的選擇、種植及釀造制定了嚴格的法律規範，例如法國的 AOC / AOP（Appellation Original Controlee / Protegee），意大利為 DOC（Denominazione della Origine Contrallata）等等。

3. 年份

年份是指葡萄採收的年份，而非葡萄酒裝瓶的年份。它可以反映葡萄本身的質量及葡萄酒的陳年潛力及適飲期。好的年份，其光照強度大、成熟期降雨量低及天氣溫暖，促進葡萄果實中糖分、單寧、多酚類物質、酯、醛及酮類物質含量升高，使得釀出的葡萄酒風味物質含量高、香氣濃郁、口感順滑、酒體飽滿及層次多變。反之，差年份一般會使得釀出的葡萄酒香氣寡淡、口感粗糙不平衡、酸澀突出及層次無複雜性。例如，1982 年是波爾多產區的一個偉大年份，因為一提到 1982 年，便會想到 1982 年份的拉菲古堡干紅葡萄酒，它的果香、單寧、酸度、複雜度及陳年潛力都可謂無可挑剔。在一些對氣候較敏感的產區，同一款酒在不同年份，其質量也有明顯的差異。

許多國家規定，一款葡萄酒採用的釀酒葡萄須有85%以上來自酒標上標示的年份，15%以下可來自其他年份。不同國家酒標上所標註的年份（Vintage）術語是不同的，法國是Millesime，意大利為Vendemmia，西班牙標示為Cosecha，新世界國家酒標則多標示為Vintage。

美國葡萄酒酒標解讀

4. 葡萄品種

葡萄品種可以大體上表明一款葡萄酒的典型香氣、單寧、酒體、複雜度及陳年潛力。新世界產酒國一般會在酒標上標示葡萄品種，而像法國、意大利、西班牙這樣的舊世界產區往往則不會標註，但可以根據產區來推斷它的品種。因為這些國家每個產區所選用釀造葡萄酒的品種都有嚴格的法律規定，如法國勃艮第產區法定的葡萄品種為黑皮諾和霞多麗，意大利基安蒂（Chianti）法定葡萄品種為桑嬌維塞（Sangiovese），這就意味著，知道產區，便大體可以知道釀造葡萄酒的品種。此外，依照法律規定，美國的部分葡萄酒所使用的法定葡萄品種須在75%以上，而歐洲及澳洲這一規定則須達到85%以上。

5. 成熟度

德國及奧地利有專業術語來表示釀酒葡萄的成熟度（含糖量）及葡萄酒的品質。如德國優質高級葡萄酒（Qualitatswein mit Pradikat）分級中，按照釀酒葡萄的成熟度或含糖量從低到高依次分為珍藏（Kabinett）、晚收（Spatlese）、精選（Auslese）、逐粒精選（Beerenauslese / BA）、逐粒精選葡萄乾葡萄酒（Trockenbeerenauslese / TBA）及冰酒（Eiswein）六個等級。有的酒標還會標註葡萄酒甜度的術語，如乾型（Trocken）和半乾型（Halbtrocken）等。

6. 酒莊裝瓶和酒莊信息

酒莊裝瓶是指釀酒用的葡萄產自酒莊的自有葡萄園。但此術語在不同國家的酒標上的標示也不同，新世界國家標示為Estate Bottled或grown，produced and bottled，法國為Mise en bouteille（s）au Chateau，德國為Gutsabfullung，西班牙則是Embotelladode Origen。

7. 其他法定信息

對於酒標上所標示的法定信息，不同國家也是不盡相同。法國酒標還須標註傳統的酒莊分級，如法國勃艮第的特級園（Grand Cru）、一級園（Premier Cru）等。德國酒標還會標註生產管理號碼（Amptliche Prufungs Nummer），即官方檢測時的序號。當然酒標上還會用小字標註葡萄酒的酒精度、酒瓶容積等。酒精度可反映葡萄酒的酒體和甜度。酒精度較高（超過14%）的紅葡萄酒，通常酒體會比較豐滿，而酒精度為18%或以上則表明是加強型甜葡萄酒，如雪莉（Sherry）或波特（Port）。

8. 背標的相關信息

此款酒的相關信息，如品酒筆記、釀酒師備註、配餐建議或進口商的相關信息。

掌握了以上八個重要的酒標信息，相信下一次你在酒窖或超市拿起一瓶葡萄酒時，就能清楚得辨別酒款的出產國、酒莊、品種及等級等重要信息，並由此推斷其品質，任憑葡萄酒導購員如何忽悠你，你都氣定神閒，早已心中有數了。

舊世界葡萄酒酒標（波爾多）

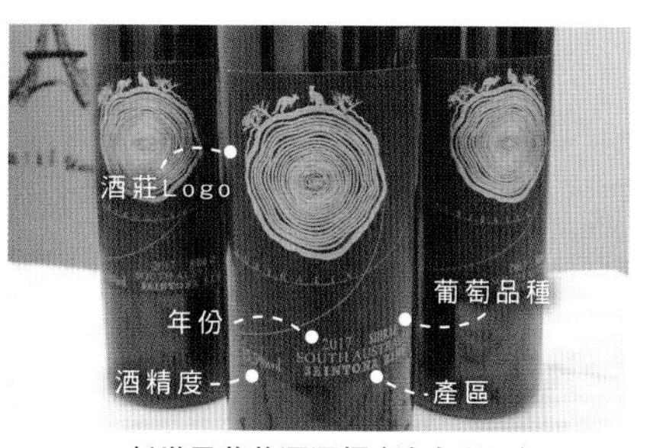

新世界葡萄酒酒標（澳大利亞）

新舊世界葡萄酒酒標對比圖

第三章
像行家一樣品酒

不知你有否見過土豪豪放地拉菲一瓶吹，或是小資饒有情調的晃杯，他們一類是標榜自己的財富，一類是宣稱自己的品味。看似毫無關係的兩類人卻被葡萄酒這個他們共享的媒介聯繫了起來。都說葡萄酒是瓶中的陽光、瓶中的風景、瓶中的哲學，在它之中蘊含著世界上最豐富的哲理與變化，如此有內涵的「尤物」是值得慢慢去品味的。品味，品味，不去品，怎能知道它的味。如何能像一位行家一般品酒？做到以下幾步就離行家越來越近了。

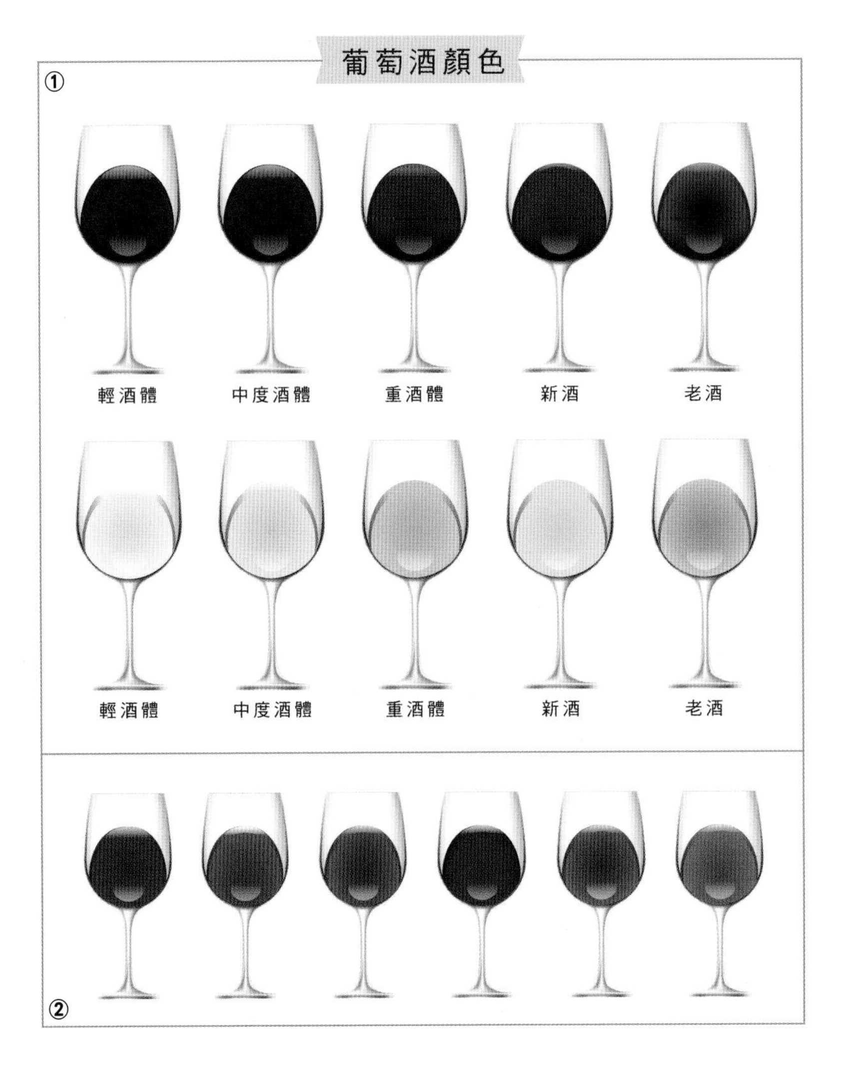

第一步：看

看即是看葡萄酒的顏色，也可稱為觀色。把酒杯傾斜 45 度，並在杯中下方放置白色餐巾或紙張，以便準確判斷酒液顏色。葡萄酒的顏色有深有淺。如剛開始分辨不出顏色深淺，則可將裝有葡萄酒的杯子平穩放置在白色餐巾或紙張上，食指放置在酒杯的杯托上，並緩慢地向杯肚方向往上移動。如從杯口上方透過酒液往杯托看去，可見手指時，此酒則是淺色；如在杯托時看不見，隨著手指上移至杯柄中間時可見，則為中等深度，如手指繼續上移至杯肚底部才可見或仍看不到手指，則此酒為深色。

葡萄酒顏色除深淺之分，還有種類之分。對於紅葡萄酒，常見的顏色有紫紅色、寶石紅色、石榴紅色以及紅茶色。紫色一般意味著年輕的葡萄酒，而橙色、琥珀色和棕色則代表陳年葡萄酒，偏向這些顏色而不是紅色，則為茶色葡萄酒。對於白葡萄酒，常見的顏色有檸檬色（黃色中帶有綠色）、金黃色（黃色中帶橘黃色）、琥珀色。綠色表示葡萄酒年輕，橘黃或褐色則代表陳年葡萄酒。

葡萄酒以上的顏色收年齡及釀造工藝影響深淺會不盡相同，所以在觀色這一步時，可將看到的顏色用較為準確的語言描述為：清澈深寶石紅色、清澈中等深度石榴紅色、清澈淡金色或渾濁暗棕色（這種渾濁的酒液及顏色可顯示酒液很大可能已變質，有缺陷）。

第一步的看，除了看顏色，還可以看酒液在杯壁上的掛杯，也稱「酒淚」。晃動酒杯便可看見有酒液順著杯壁流下來，通過觀察酒淚的粗細、疏密及持久度便可知葡萄酒的酒精度及含糖量的高低。

通過觀色可以大致得到有關葡萄

①葡萄酒的顏色
②葡萄酒由年輕到老年份的顏色變化
③看：葡萄酒的顏色、透明度、掛杯。

酒的年齡、葡萄品種、酒精度、糖分及氣候等信息。

1. 酒齡

正如以上談及葡萄酒顏色深淺時所提及，葡萄酒的顏色會隨著陳年的時間而不斷變化。一般來說，紅葡萄酒酒齡越老，顏色就越淺，而白葡萄酒則恰恰相反。

2. 葡萄品種

由葡萄酒的顏色及顏色邊緣，可推測出釀造葡萄酒的品種。如用梅洛（Melot）葡萄釀造的紅葡萄酒，其邊緣會呈現出橙色；以內比奧羅（Nebbiolo）葡萄釀造的紅葡萄酒邊緣呈現出透明的磚紅色，而用來自較寒冷地區的西拉（Syrah）葡萄所釀製的紅葡萄酒邊緣會呈現出藍色。問我知道這些有什麼用？到了盲品的時候就作用大了。

3. 酒精度及含糖量

通過葡萄酒的掛杯可以大致推測出酒液中酒精及糖分的含量。酒精度及糖分含量越高，掛杯就會越密、越粗、越持久，酒體也就越飽滿。由此，便可大致推測出釀酒葡萄生長的氣候。還記得氣候是如何影響葡萄酒的風味的嗎？

第二步：聞

聞即是聞葡萄酒的氣味。酒斟入杯中後，先聞一聞酒一開始散發出來的香氣，並記住這種香味，之後再搖杯，此時聞到的香氣與之前的會有很大的差別。一般來說，在葡萄酒沒有變質的前提下，通過搖杯可逐漸釋放出酒液的香氣。葡萄酒的香氣主要分為三大類（詳見香味分類表）：

1. 一類香氣：這類香氣主要是指葡萄酒的花香及水果香氣，主要來自釀酒葡萄品種本身。比如麝香（Muscat）葡萄酒及部分德國冰酒帶有濃郁玫瑰花香，年輕的黑皮諾葡萄酒擁有草莓櫻桃香氣，而用瓊瑤漿葡萄釀造的葡萄酒則有著典型的荔枝味。這類香氣的持久度不長，會隨著陳年而消失或轉化。

2. 二類香氣：主要為葡萄酒的香料及植物味。這些香氣可來自葡萄品種本身，如赤霞珠及西拉有著明顯的黑胡椒味；有的葡萄酒在橡木桶中發酵或熟成後，也會形成複雜的香料味，如經橡木桶陳年的霞多麗和黑皮諾會形成肉荳蔻的香氣，部分西拉、仙粉黛或西班牙的丹魄（Tempranillo）經橡木桶熟成會有肉桂香氣。在澳大利亞、加州及智利的赤霞珠葡萄酒中有薄荷、桉樹葉等植

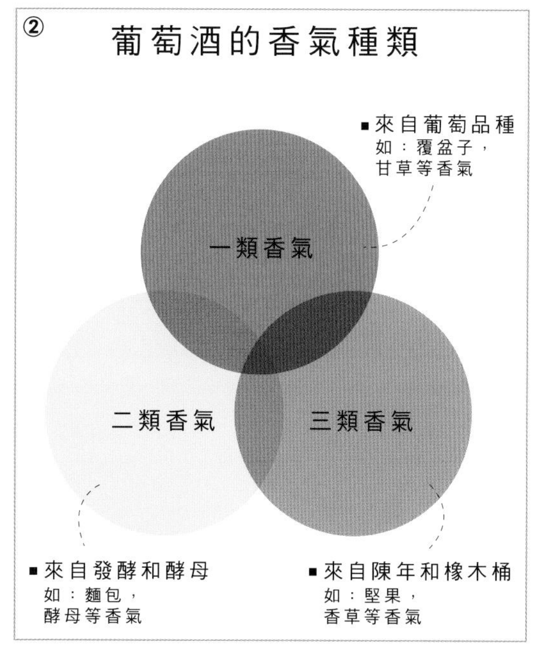

①聞：葡萄酒的香氣
②葡萄酒的三大類香氣

物香氣。

3. 三類香氣：主要是由橡木味及堅果、動物及礦物質等香氣組成。經橡木桶陳釀或裝瓶後會緩慢形成陳年香氣，如在白葡萄酒中的酵母、烤麵包、奶油、汽油、蜂蜜、太妃糖及榛子、杏仁等氣味；紅葡萄酒中的煙燻、咖啡、雪松、蘑菇、濕樹葉、皮革及泥土等香氣。對於聞香這一點，由於每個人的過往經歷不同，帶有很強的主觀性，所以同一款酒，也許每個人聞香後說出的香氣都會不同。但無論聞到何種香氣都無需擔心，大膽說出便可。部分剛剛接觸葡萄酒的人，一開始品嚐葡萄酒聞香時，也許一次兩次聞到的只有酒精味。隨著逐漸的練習及有意識的增強香氣記憶庫，慢慢可分辨的香氣會越來越多。練習的方法除了多聞多喝，也可以購買專門為識別葡萄酒香氣而設計的「酒鼻子」，更簡單的方法就是每次去超市都聞一聞不同水果的香氣或品嚐其味道，並加強記憶，豐富你的香味庫，下次遇到類似的香氣便可輕鬆辨認。

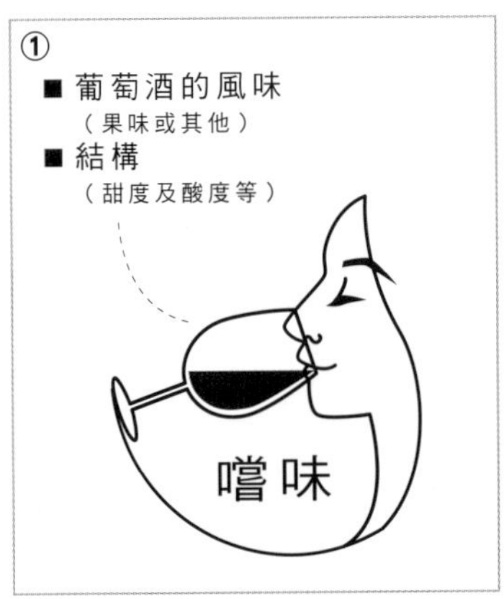

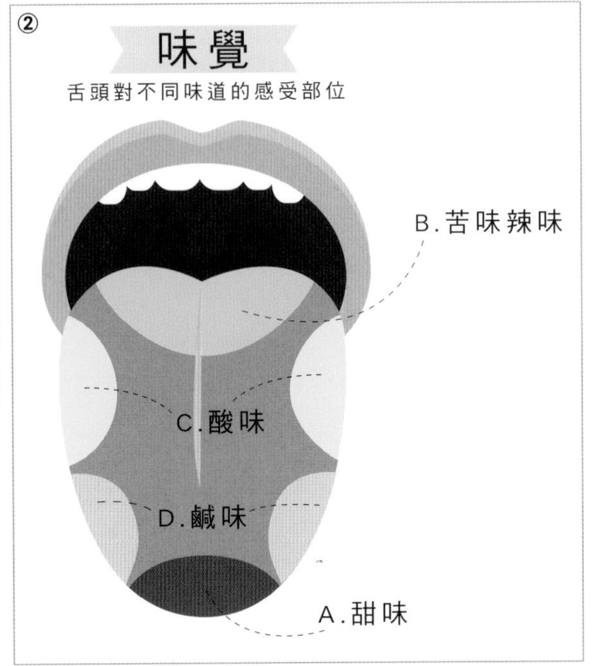

①品嚐：葡萄酒的風味（果味或其他）及結構（甜度及酸度等）
②舌頭對不同味道的感受部位
A：舌尖對甜味最敏感
B：舌根對苦味、辣味最敏感
C：舌體兩側對酸味最敏感
D：舌尖兩側對鹹味最敏感
③不同葡萄酒的單寧含量

第三步：嚐

在觀色及聞香之後，終於到了一親芳澤的時候。可是要怎麼嚐，嚐些什麼，才能說出來頭頭是道呢？且看下面慢慢分解。

與聞香一樣，品嚐葡萄酒也是極具主觀性的。每個人對味道的敏感度不盡相同，所品出的葡萄酒的味道也是有差別的，但對葡萄酒的甜度、酸度、單寧、酒精、酒體及餘味還是可以大致達成共識的。

1. 甜度（Sweetness）

甜度即為葡萄酒中含糖量的高低，取決於葡萄汁發酵後剩餘糖分的多少決定。釀酒用的成熟葡萄中的糖分在酵母作用下轉化成酒精，未能完全轉化成酒精的糖分便殘留在酒中。葡萄酒中殘留糖分從每升零克到每升幾百克不等。甜度會影響葡萄酒的酒體及口感。舌尖對甜味最為敏感。大部分的白葡萄酒及紅葡萄酒都是干型，即沒有甜味；略帶甜味的葡萄酒稱之為半乾型。酸度往往可以中和部分甜度，所以酸度較高的葡萄酒嚐起來不會那麼甜。

2. 酸度（Acidity）

葡萄酒的酸度來自葡萄本身，葡萄果實的酸度高低會受葡萄品種、風土等因素影響。用生長在寒冷地區的葡萄釀造的葡萄酒酸度會較高；酸度也可來自釀造過程中所產生的蘋果酸、酒石酸等酸性物質。所有葡萄酒都有酸度，正是酸度讓葡萄酒清爽強勁。我們舌頭的邊緣對酸味最為敏感。由於酸可中和部分糖分，所以甜酒中適當的酸度可用來平衡過高的甜度，確保甜酒甜而不膩。

3. 單寧（Tannin）

它是存在於葡萄皮、葡萄籽及葡萄梗中的酚類物質，也是很好的抗氧化劑。正是單寧讓葡萄酒嚐起來有微苦乾澀的味道。舌頭的末端對苦味很敏感，而最易感知澀味的就是我們的牙齦。一般來說，厚皮的葡萄品種比薄片的葡萄品種單寧含量更高。葡萄酒中單寧的含量取決於釀酒過程中浸皮量的多少及時長，所以，由於釀造工藝不同，單寧在紅葡萄酒中常見，而白葡萄酒基本不浸皮，所以幾乎嚐不到單寧。炎熱氣候下出產的葡萄酒往往單寧含量及熟度都較高，且更柔順。

除此之外，單寧還可來自橡木桶，但相較來自葡萄自身的單寧，橡木桶單寧會更加柔和順滑。

各種葡萄酒的單寧含量
（從高到低）

4. 酒精度（Alcohol）

葡萄酒中的酒精來自釀酒葡萄中糖分在發酵過程中的轉化。一般而言，炎熱地區出產的葡萄酒酒精度較高，寒冷地區的葡萄酒酒精度較低。通常葡萄酒的酒精度數在 5%-16%，加強型葡萄酒一般為 17%-21%。酒精度即酒精含量的多少可反映釀酒葡萄的成熟度及葡萄酒的濃郁度，同時也可影響葡萄酒的酒體，一般來說，品酒時，喉部的灼熱感與酒精度的高低是成正比的。

5. 酒體（Body）

酒體是葡萄酒的香氣和糖分、酸、酒精及單寧等在口腔中的綜合感知，也就是我們常說的口感。葡萄酒的酒體取決於葡萄酒的酸度、甜度、單寧及酒精度和可溶性風味物質（如酚類、蛋白質、果膠等）。單寧越多、甜度及酒精度越高，酒體就越重或越飽滿，但酸度越高，酒體會越輕盈，這也就意味著在溫暖氣候地區出產的葡萄酒酒體會更豐滿。想像一下水與牛奶在口中不同的口感，便可知道酒體或飽滿或輕盈的體驗。

6. 餘味（Finish）

餘味是指吞嚥或吐出葡萄酒後，葡萄酒在口中留下的愉悅香氣及風味的持久度。回味悠長的餘味是品質上乘葡萄酒的體現之一。

第四步：評論

通過對葡萄酒的觀色、聞香及嚐味，即可對所品嚐葡萄酒有一個綜合的考量。

①葡萄酒中的單寧來源
②評估：葡萄酒是否平衡，它的獨特之處。

1. 平衡性

甜度太高酸度太低則葡萄酒嚐起來會較膩，單寧太多而果味不足的葡萄酒喝起來會十分艱澀，所以只有當甜度、酸度、單寧及酒精度達到很好的平衡，一款酒才稱得上是好酒。

2. 餘味 / 持久性

判斷一瓶葡萄酒是否具有持久性是根據酒被吞嚥下去之後，它特有的味道在口中停留的時間長短來衡量。酒體均衡而擁有持久愉悅的餘味是高品質酒的表現，差強人意的葡萄酒餘味很短或幾乎沒有回味。

3. 濃度

香氣和風味過於寡淡的葡萄酒喝起來會索然無味，而有時較濃的香氣亦會破壞平衡性，影響口感。

4. 複雜性

香氣與風味過於簡單的葡萄酒較乏味，而二者皆複雜的葡萄酒則會讓飲用者驚喜不斷。

5. 表現性

一款高品質的葡萄酒應該可以較好地體現葡萄品種、產區風土等特徵。

通過以上幾點的總結，便可大致判定品鑑葡萄酒的品質好壞、陳年潛力、價格等有價值的信息。也可判定自己是否喜歡品嚐的酒款。對比品鑒不同的酒款，每次可記錄品酒筆記或用酒標貼保留印象深刻的酒款酒標，多參加葡萄酒品鑒會，與其他愛酒懂酒人士多交流切磋，長此以往品酒無數，品鑒能力將得到很大提升，並可在芸芸眾酒中找到自己喜歡的酒類，在酒桌上亦可侃侃而談，成為品鑒葡萄酒的行家裡手。

第四章
葡萄酒與食物的搭配

美國葡萄酒業的傳奇人物羅伯特・蒙大維先生說：「沒有葡萄酒的一餐就像沒有陽光的一天。」葡萄酒在西方人的餐飲文化裡舉足輕重，就像山東人吃煎餅少不了大蔥，廣東人吃飯一定要喝湯。既然西方人的餐桌不可一日無葡萄酒，那它與日常的食物搭配就顯得尤為重要。

意大利葡萄酒與意大利菜餚搭配＠Galaxy Macau

幾個世紀前，在葡萄酒還沒有成為國際商品時，一個地區最開始釀造的葡萄酒往往只是自給自足，跟本地的菜餚是絕好的搭配，就像意大利遍地是番茄，菜餚裡總少不了番茄汁或番茄醬，所以意大利釀造的葡萄酒普遍酸度都較高，就是為了更好地搭配酸度較高的意式菜餚。

隨著葡萄酒的日益國際化，一個地區除自給自足外，還將當地的葡萄酒銷往鄰邦或跨越洲際的大洋彼岸。這些地區的食物與葡萄酒產地的相較，風格與味道迥然不同，所以葡萄酒與當地食物的搭配便成了一個複雜的問題。好在，這個問題難不到「民以食為天」的各國葡萄酒愛好者、廚師和美食家們。原來，他們發現食物與葡萄酒的搭配背後是有原理的，這便是根據食物的味道來搭配葡萄酒，同時也衍生出另外一種搭配方法：不同酒體種類的紅葡萄酒與白葡萄酒及甜酒與食物的搭配。下面就來詳細分析一下這兩種方法。

根據食物的味道搭配

由於世界不同地域、不同飲食文化、飲食習慣及香料種類的使用搭配，食物的風味可謂變化萬千，除了廚師的出色演繹，也需要美食家及葡萄酒愛好者們練就敏銳的味蕾隨機應變。但無論如何變化，食物的味道都離不開酸甜苦辣鹹鮮六味。瞭解這六種味道對葡萄酒的酸度、單寧、酒精度、甜度、酒體結構、口感的影響，也就不難找到適合的葡萄酒搭配相應味道的食物。

鹹味

食物中的鹹味可以減少葡萄酒在口中的苦味、酸味、澀味及灼熱感，但同時令酒體顯得更飽滿，更順滑，容易入口。所以高單寧高酸度的葡萄酒搭配鹹味突出的食物是很好選擇。這也正是所謂鹹魚配紅葡萄酒的原理所在。

酸味

食物中的酸味可降低葡萄酒的酸度，增加酒的甜度、果味及複雜性。因此在搭配酸味較濃重的食物時，應選擇酸度更高的葡萄酒，才不會使酒的口感太過柔軟及鬆弛，缺乏骨架。

桃紅香檳下午茶@中環 IFC Le Café de Joël 餐廳

正如意大利的美食中不可缺少的那抹番茄醬，酸味明顯是意國菜餚的一大特點，所以意大利出產的葡萄酒大多酸度都較高，才能與本國菜餚搭配得天衣無縫。

甜味

食物中的甜味會降低葡萄酒的甜度、果味及酒體的飽滿度和豐富性，但會增加苦味、酸味及澀味的口感。因此甜味較突出的食物可搭配酸度及單寧都較低，但果味更濃郁及甜度更高的葡萄酒。甜味對葡萄酒產生這樣不討喜的影響，所以除了甜點以外，以甜味主打的菜餚在經典的西餐中（如法國菜）很難找到。在亞洲國家的佳餚中倒是可以經常尋其蹤跡（如中菜裡的上海菜），想出色地搭配這些菜餚，就要避免干型葡萄酒，而需選用至少與菜式甜度相當或更高甜度，且果味濃郁的葡萄酒，甜點則更應如此。

苦味

食物中的苦味會增加葡萄酒的苦味，由於食物中的苦味與葡萄酒的苦味是疊加作用的，所以苦味明顯的食物會令葡萄酒的苦味口感加強，選擇單寧較低的紅葡萄酒或白葡萄酒搭配較苦的食物會很合適。

鮮味

食物中的鮮味會減少葡萄酒的甜味、果味，降低酒體的飽滿度及複雜性，但會增加葡萄酒的酸味、苦味、澀味及灼熱感。由此可見，食物的鮮味是美食與葡萄酒合作不愉快的禍首。因此，鮮味濃郁的食物，如蘆筍、蘑菇、乳酪及中式菜餚中常用到的豉油都較難與葡萄酒搭配。 但是，在不改變食物本身風味前提下，用酸味及鹹味適當調節食物的鮮味，則是可與葡萄酒搭配的良方，如用檸檬汁配蘆筍則容易找到與之匹配的葡萄酒，因檸檬汁的酸度減少了蘆筍中使葡萄酒口感瘦弱的鮮味。

辣

嚴格來說，辣是調味料和蔬菜中

①夏布利白葡萄酒配法國生蠔
②法國汝拉產區的桃紅葡萄酒配雞肉
③唐·培裡儂香檳 2006 配粵菜 @ ICC 麗茲卡爾頓酒店中餐廳天龍軒

存在的某些化合物所引起的辛辣刺激感覺，不屬於味覺，更像是口感。辣使葡萄酒的果味、甜度、酒體豐滿度及複雜性降低，增加酸度、苦味及澀味。除此之外，它與葡萄酒中的酒精相互作用，酒精度越高，口中的辛辣感越強。所以，要搭配如川菜一類辣味較強的菜餚較適宜選擇果味豐富、甜度較高及單寧較低的葡萄酒。

由此可見，葡萄酒不會直接改變食物的味道，但食物卻可以正面或負面地影響葡萄酒的味道。尤其是食物中的甜味、鮮味、苦味及辛辣口感，都會使葡萄酒飽滿度及複雜性降低，減少酒的甜味和果味，增加酸味、苦味及澀味，是較難搭配的一組食物分類，在搭配時需多用心選擇，才能找到與美食搭配相得益彰的佳釀。

③

其他搭配

苦與油

葡萄酒的苦味來自酒中的單寧，雖然食物中的苦與葡萄酒的苦會疊加，產生不愉快的口感，但單寧與脂肪較多的食物卻可以很好的搭配，如牛排與紅葡萄酒的經典搭配。這是因為我們的唾液腺體分泌唾液潤滑口腔，當我們在吃油膩食物時，口腔會感覺過於油滑，所以單寧便刺激口腔腺體釋放蛋白質來清除這種油滑的口感，而肉類中的蛋白質亦可令酒中的單寧更柔和順滑。當然，如果只是單喝一杯高單寧的葡萄酒而不配食物，口腔也會有不愉悅的乾澀、收斂感。

酸與油

雖然單寧與富含脂肪的肉類搭配得宜，但為何紅葡萄酒與肥美的三文魚卻不搭調，而高酸度的香檳或其他白葡萄酒就能與其親密無間？這是因為紅葡萄酒中的單寧與魚肉中的脂肪相互抵銷，只留下一股濃濃的魚腥味在口中。而酒中的酸卻能扮演清道夫的角色，將魚腥味及油膩一掃而光。

所以，肥美的魚肉較適宜配搭高酸度的起泡酒或白葡萄酒。這也就是為什麼如香檳這樣非常活躍的酒種能與很多不同種類的食物搭配的原因。

甜與鹹

就像服飾搭配的撞色有時可以達到驚艷的視覺效果一樣，甜型葡萄酒與鹹味食物的搭配有時也妙不可言，如貴腐甜白酒搭配藍紋乳酪（Blue Cheese），即是上乘的酒食搭配。吃一口藍紋乳酪在口中，再飲一口貴腐甜白酒，體驗甜與鹹於口中融合後的對抗性平衡，還有留存在口腔裡纏綿不斷的悠然乳香，真教人陶醉不已……除此之外，甜型雷司令葡萄酒與亞洲的炒飯、炒麵或低熱量的甜品都是很好的搭配。

不同酒體葡萄酒與食物的搭配

酒體飽滿的紅葡萄酒（如：赤霞珠、西拉、馬爾貝克、黑珍珠等）搭配燒烤或煙熏、味道厚重的牛肉、羊肉、豬肉、鹿肉及香腸、醃肉等

酒體中等的紅葡萄酒（如：桑嬌維賽、添普蘭尼諾、品麗珠、梅洛、佳美娜、金粉黛等）適合搭配意大利、西班牙菜餚，及豬肉、鴨肉、羊肉、香腸、披薩及烘烤蔬菜等。

酒體輕盈的紅葡萄酒（如：黑皮

①法國汝拉產區的霞多麗白葡萄酒配湯

②法國汝拉產區的黃酒（葡萄酒）配大閘蟹

③勃艮第 Romanee st. Viviant 黑皮諾葡萄酒

諾、佳美等）搭配蘑菇底的食物，如意粉、蘑菇湯、忌廉湯、雞肉批、白肉披薩及口味清淡的法國菜。

桃紅葡萄酒主要搭配地中海、印度菜及辣味菜餚、味道較重的貝類、雞肉等家禽類菜餚。

酒體飽滿的白葡萄酒（如：霞多麗、賽美蓉、維歐尼、瑪珊、瑚珊等）適宜搭配忌廉湯、奶油披薩、蛋奶餡餅、奶油意麵、法國菜等。

酒體輕盈的白葡萄酒（如：長相思、灰皮諾、棠比內羅等）可與沙拉、烤蔬菜及魚片、雞肉等搭配。

起泡酒是比較百搭的酒款，但與薯條、壽司、爆米花及油炸類食物、魚類、貝類、雞肉及其他家禽類菜餚搭配都很不錯。

甜白（如白詩南、瓊瑤漿、雷司令、特濃情等）適合搭配帶辣味的印度、泰國及中國菜餚。

甜酒（加強）（如波特酒、茶色波特、雪莉、馬德拉、麝香葡萄酒等）適宜搭配蛋糕、餅乾、朱古力、冰淇淋、水果派、軟芝士等餐後甜點。

除此之外，一般大眾化的原則是紅肉配紅酒，白肉配白酒，但偶爾做些大膽嘗試，也可以有新的發現。一般來説，味道重的菜餚須用味道濃郁的酒來搭配，不一定要跟從紅肉配紅酒、白肉配白酒的原則，有時如重口味的紅燒魚也可搭配清淡的紅酒，口味較重的家禽類食物也可配濃郁的白酒及清淡一點的紅酒。

飲用葡萄酒的順序為：先喝清淡的酒，再喝濃郁的酒。先喝不甜的酒，再喝甜酒。先喝白酒，再喝紅酒。先喝年輕的酒，再喝成熟的老酒。

聊了這麼多酒食搭配方法，其實並沒有硬性規定某一種酒一定要搭配某一種食物，正所謂「千金難買我喜歡」，但如果能與食物做適當的搭配，便真是相得益彰，因為葡萄酒能涮清味蕾、誘出食物的美味，而適當的食物又可使葡萄酒之美表現得更淋漓盡致，真可謂是一種味覺的享受。

第五章
各有千秋的葡萄品種

據英國著名的葡萄酒大師傑西·羅賓遜所編著的《釀酒葡萄 -1368 個葡萄品種及起源與風味完全指南》一書（Wine Grapes-a complete guide to 1368 vine varieties including their origins and flavours），目前已知的釀酒葡萄已達 1300 多種，但國際上栽種的主流釀酒葡萄品種也還是可以枚舉的，例如主要的釀酒紅葡萄品種為：赤霞珠（Cabernet Sauvignon）、黑皮諾（Pinot Noir）、梅洛（Merlot）、西拉（Syrah）、品麗珠（Cabernet Franc）、歌海娜（Grenache）、桑嬌維塞（Sangiovese）、金粉黛（Zinfandel）、丹魄（Tempranillo）、內比奧羅（Nebbiolo）、巴貝拉（Barbera）、馬爾貝克（Malbec）等；白葡萄品種主要有：霞多麗（Chardonnay）、雷司令（Riesling）、長相思（Sauvignon Blanc）、灰皮諾（Pinot Gris/Pinot Grigio）、白皮諾（Pinot Blanc）、瓊瑤漿（Gewurztraminer）、白詩南（Chenin Blanc）、賽美蓉（Semillon）等等。這一章便跟大家一起聊一聊幾種現今國際上廣泛種植的釀酒葡萄品種。

1. 人氣王后——赤霞珠（Cabernet Sauvignon）

起源

還記得你生命中無數個第一次嗎？第一次看電影、第一次旅行、第一次打高爾夫球……還有第一次喝葡萄酒。大部分人也許第一次踏入茫茫酒海，碰到的就是赤霞珠，由她帶著你在無邊的酒海裡一路暢遊，隨後才遇見了霞多麗、黑皮諾、西拉或者內比奧羅……為什麼很多酒蟲都有這樣的經歷呢？大概是因為赤霞珠是全世界種植範圍最廣的釀酒葡萄品種，由她獨立一人或與其他姐妹一同化腐朽為神奇，煉就了無數玉液瓊漿，讓人欲罷不能。

赤霞珠的成名史相比其他姐妹並不算太久，因為在18世紀時，她才在出生地法國波爾多地區嶄露頭角，而令她在梅多克聲名鵲起的伯樂便是木桐酒莊曾經的主人布萊凱特男爵及其鄰居阿曼德達馬邑。除此之外，赤霞珠的身世之謎也是上個世紀90年代才被美國加州大學的研究者們利用DNA檢測技術解開。原來她是名副其實的混血兒，是Cabernet Franc（品麗珠）及Sauvignon Blanc（長相思）於17世紀自由戀愛（自然雜交）的結晶。難怪赤霞珠的芳名分別來自雙親名字的一部分，她身上散發的香氣也因遺傳而與父母親十分相似。

②

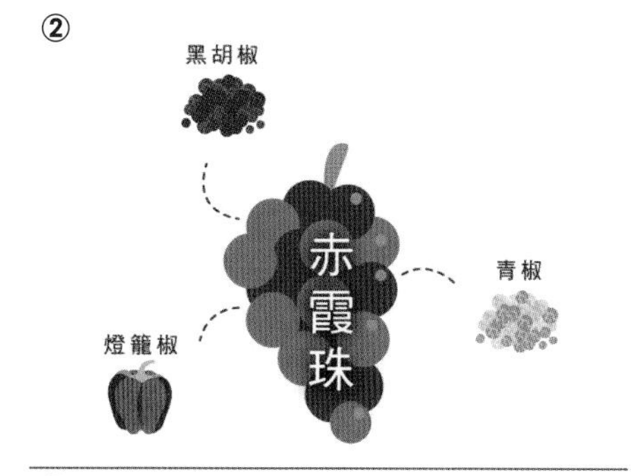

③

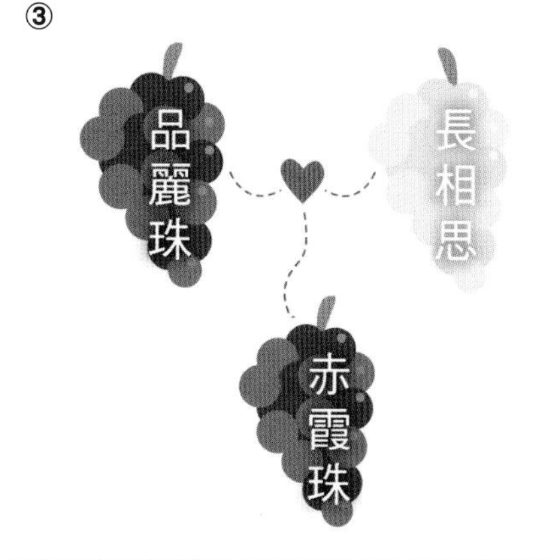

④

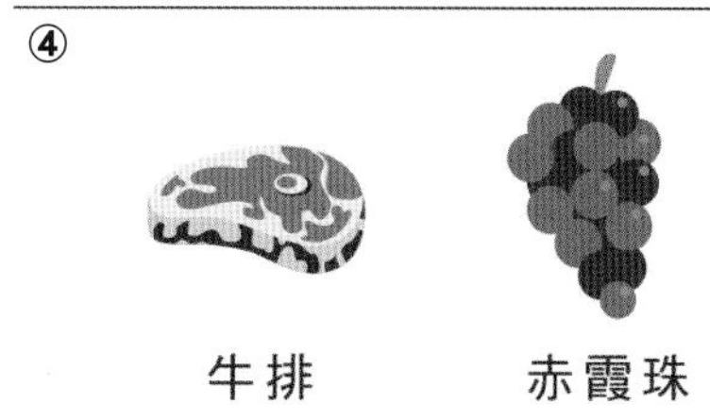

①不同年齡的葡萄酒顏色及透明度是不同的，例如：年輕與陳年的赤霞珠。

②赤霞珠有顯著的黑胡椒、燈籠椒和青椒的味道

③赤霞珠是品麗珠和長相思的後代

④赤霞珠與牛排是十分完美的搭配

在中國，Cabernet Sauvignon 的芳名有很多，有人叫她加本力蘇維翁，也有人叫她卡本內蘇維翁，還有人叫她解百納蘇維翁，但她還是最喜歡人們喚她作赤霞珠，像日出時的紅霞滿天，珠圓玉潤，著實討喜。也是這個名字將她的身材相貌描繪得栩栩如生，一如她深紅的肌膚，包裹著豐富的單寧與飽滿多酸的果肉，並時時散發著伴隨清新植物性（青椒、薄荷）的濃郁迷人黑果（黑加侖、黑櫻桃、黑莓）香氣。經過在橡木桶中的一番歷練，構成赤霞珠身體骨架的單寧更加柔順，並增加了許多成熟的韻味——煙燻、香草、雪松及咖啡等等。在葡萄酒這個大王國裡，赤霞珠彷彿是母憑子貴的王后，因為她孕育出眾多久負盛名的葡萄酒，如舊世界的拉菲與木桐，新世界的嘯鷹與鹿躍。

風味

18 世紀之前還名不見經傳的赤霞珠，如今登上蜚聲國際的王后寶座是靠得什麼呢？她憑藉的就是極高辨識度的良好口感與優異的表達能力。說起她的高辨識度，雖然赤霞珠身材嬌小玲瓏，但內在卻是十分有料，其葡萄籽與果肉的比例極高（赤霞珠 1：12，賽美蓉 1：24），加之皮厚且顏色深重，所以用她釀造出來的葡萄酒單寧含量很高，顏色深濃。她典型的黑醋慄風味及青椒香氣，使她在盲品中都極易辨別，更不用提平時喜歡飲用她的酒蟲們。當然，論姿色（香氣）赤霞珠絕不是像長相思或黑皮諾、佳美等香氣尤為突出的第一眼美女，但富含單寧使其具有絕佳的陳年能力，只要經橡木桶稍加裝扮，赤霞珠便會在陳釀的歷練中變得越發有成熟風韻。在橡木桶中的陳釀使來自赤霞珠葡萄本身的風味物質和發酵過程中的產物與橡木桶進行複雜的相互作用，因而生成的微妙風味物質是赤霞珠葡萄酒的真正魅力所在。不管愛與不愛她的人，只要一親芳澤，一定就知道是她，就像聽到那標誌性嗲嗲的娃娃音，就知道是志玲姐姐一樣。

除了高辨識度之外，赤霞珠擁有優異的表達能力。這是因為她通過葡萄酒可以出色得反映生長環境的風土特色、年份特點及釀造工藝等。最好的例子莫過於在她家鄉波爾多只有一條馬路之隔的拉菲與木桐酒莊所出產的赤霞珠葡萄酒卻風格迥異。其實，也正是這樣出色的表現性，才賦予赤霞珠如此高的辨識度的口感，長期以來佔據著世界葡萄酒消費市場的大半壁江山。

風土

儘管赤霞珠是紅葡萄品種流行之

冠，但她屬發芽及成熟較晚的晚熟品種，並不像同樣流行的白葡萄品種王后霞多麗一樣，可以在涼爽、溫和或炎熱氣候下都可生長及完全成熟。赤霞珠最理想的生長環境是在擁有較溫和氣候的地方，這也是為什麼她的家鄉與成名地是在法國較溫暖的波爾多地區，而非北部十分涼爽的勃艮第或是南部過於炎熱的羅納河谷。然而，就是在波爾多地區，有時遇到較寒冷的年份，晚熟的赤霞珠仍然無法完全成熟。成熟度較低的她所釀出的葡萄酒口感既粗糙又乾澀，往往還帶有不愉悅的草本植物味。來自熱帶氣候的赤霞珠成熟度很好，帶有更多黑果香，更少草本植物味，單寧柔和，酒體飽滿，口感極佳。為什麼都説法國波爾多 2009 年是一個極好的年份？就是因為 2009 年的法國，天公作美，陽光燦爛，雨水適量，非常適宜葡萄的生長。在地利、人和不變的條件下，天時便成為成就好年份葡萄酒的關鍵。

然而，就算在天不遂人願的年份裡，赤霞珠也能與她的姐妹們通力協作，一起釀造出好品質的葡萄酒。

赤霞珠雖較為偏好溫暖氣候，但她極強的抗病力與適應力使其在全世界遍地開花。

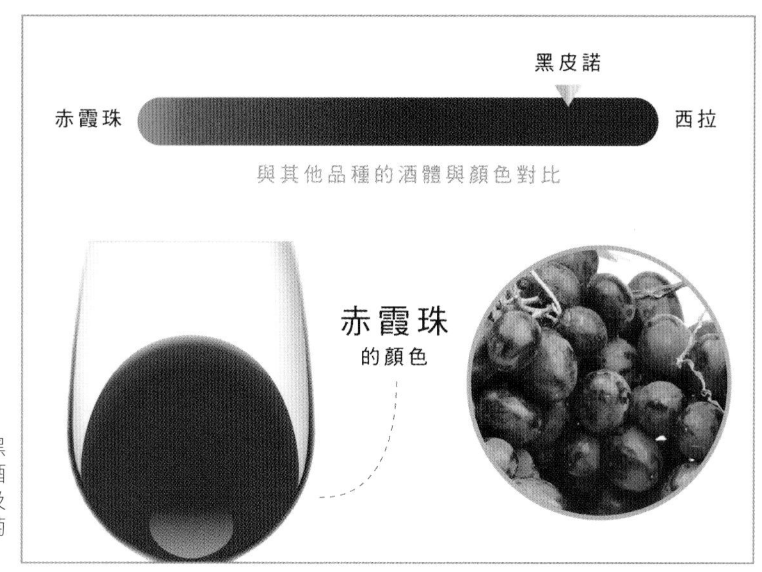

赤霞珠葡萄酒與黑皮諾和西拉葡萄酒酒體及顏色對比及赤霞珠葡萄及葡萄酒的顏色。

2. 柔和婉約──梅洛（Merlot）

如果有一種葡萄酒，能讓人更關注其柔和質地而非獨特風味的話，那一定就是有「柔順赤霞珠」美譽的梅洛了。梅洛的風味可以是甜美的李子與草莓，或是藍莓與桑葚，也可以是桶陳後咖啡和松露味，雖然極少人可以準確描繪她的風味特徵，但其天鵝絨般的柔順卻是大家不爭的事實。

起源

在紅葡萄品種的王國中，能夠與赤霞珠匹敵的恐怕只有梅洛了，因為在全世界範圍內也廣泛種植的梅洛大有趕超姐姐赤霞珠的趨勢。既然是赤霞珠的妹妹，那她們一定是有血緣關係嗎？是的，據奧地利研究人員通過 DNA 檢測得知，梅洛的雙親之一也是品麗珠（Cabernet Franc），雖然雙親的另一位現在還無從考證，但至少可以證明她與赤霞珠的姐妹關係，從而也解開了分別以赤霞珠為主和以梅洛為主的波爾多紅葡萄酒，口感極為相似的疑惑。

風味

與姐姐赤霞珠一樣，梅洛在家鄉波爾多也是聲名顯赫，穩穩地佔據吉隆特河口與多爾多涅河口的東部及北部，即波爾多右岸的根據地。雖然只有一河之隔，但相比強勁霸道的赤霞珠，梅洛可是溫柔婉約許多。因為除了高酒精度外，梅洛葡萄酒大體上都是中等深度顏色、中等含量單寧，中等酸度。究其原因在於梅洛屬早熟品種，皮薄而顆粒大，果實豐腴多汁，含糖量高，所以，相較色澤深濃香氣濃郁口感強勁的赤霞珠，梅洛帶給葡萄酒的顏色更淺，香氣更少，單寧含量及酸度更低，味道也淡一些，但梅洛卻可以賦予葡萄酒更高的酒精度和更飽滿的酒體。

風土

與姐姐赤霞珠不同，梅洛可在涼爽、溫和及炎熱的氣候條件下生長成熟。根據成熟度劃分，生長在涼爽或溫和地區的梅洛會賦予葡萄酒紅果及藥草的香氣，如草莓、李子、紅漿果及薄荷等，同時單寧及酸度略微偏高。而在炎熱氣候下成熟的梅洛帶給葡萄酒明顯的黑莓、黑櫻桃及黑李子等黑果味，中等含量的柔和單寧，中等或偏低的酸度，但是較高的酒精度及飽滿的酒體。此外，為了獲得更多的香料及橡木味，通常用梅洛釀製的葡萄酒也與赤霞珠一樣，需在橡木桶中熟化陳釀。

與姐姐赤霞珠不同，梅洛更喜

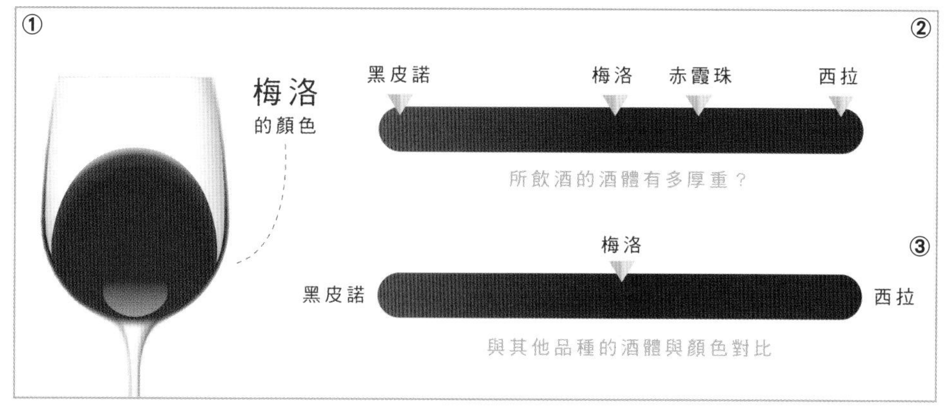

①梅洛葡萄酒的顏色
②黑皮諾、梅洛、赤霞珠及西拉葡萄酒的酒體對比圖。
③梅洛葡萄酒與黑皮諾和西拉葡萄酒酒體及顏色對比圖

歡潮濕涼爽的土壤，如右岸的聖埃美隆及波美侯地區，而非左岸赤霞珠喜歡的排水性好但炎熱的土壤。所以，把梅洛種植在含石灰質的黏土裡，真可謂是如魚得水，而且石灰石還能賦予她優雅的花香與礦物味。此外，含鐵的粘土也是梅洛的大愛，但用生長在這種土壤裡的梅洛所釀之酒，結構性較強，單寧骨架強壯，讓一向溫柔婉約的她變成強壯的女漢子了。還有就是梅洛在採摘期的採摘時間不宜過遲，否則梅洛的酸度就會很低，以致影響酒的口感平衡。

分佈

原本只是用來釀造聖埃美隆及波美侯葡萄酒的紅葡萄酒品種，現在也在全世界得到普及。在法國，梅洛的種植面積達到其全世界種植面積的三分之二，就算是在赤霞珠稱霸的左岸，仍有40%的梅洛種植其中。在右岸，最主要的產區是聖埃米利永（Saint-Emilion）和波美侯（Pemerol）。在聖埃米利永富含石灰石的黏土上孕育出了以梅洛為主的混釀風格、可與左岸名莊一較高下的酒莊，如柏菲（Pavie）、歐頌（Ausone）

及金鐘（Angelus）等。與他們毗鄰的波美侯產區，富含鐵的粘土上誕生了柏翠（Petrus）及花堡（Lafleur）等可與五大名莊媲美但產量稀少的上好佳釀。

除波爾多之外的其他地區，梅洛的命運似乎更多地與赤霞珠聯繫在一起。從美國的納帕谷至澳大利亞、新西蘭，自南非到智利、阿根廷，世界上幾乎有大面積種植赤霞珠的地方，梅洛都形影相隨，這應該與赤霞珠與梅洛的混釀是上百年經久不衰的經典有關係，只不過梅洛扮演的都是配角而已。（可參見赤霞珠於世界其他地區的分佈）。

①涼爽氣候下種植的梅洛葡萄酒的味道
②炎熱氣候下種植的梅洛葡萄酒的味道

3. 任性嬌貴——黑皮諾（Pinot Noir）

古人說：「惟女子與小人難養也。」紅葡萄品種裡的黑皮諾應該算是當之無愧的難養女子，皆因她嬌貴任性，很難「伺候」。她早熟而皮薄，產量少，抗病力低，極易感染各種黴菌，對氣候及土壤極為挑剔，但卻能釀出世界上最貴的美酒。與適應能力強，管理成本低及風格明顯的赤霞珠相比，她需要種植者與釀酒師細緻入微的呵護，才能成就那瓶中的尤物。

起源

作為一種非常古老的葡萄品種，黑皮諾早在公元 4 世紀已經存在於勃艮第，只不過曾用名是 Morillon Noir。現在所用的 Pinot Noir 最早出現在 14 世紀勃艮第的相關記錄中。黑皮諾所在的皮諾家族（白皮諾、灰皮諾及莫尼耶皮諾）也因其而得名。

黑皮諾雖一直種植在勃艮第，但由於她極為善變而衍生出許多克隆品種。在法國官方認可的克隆品種中就多達50種以上，而相比之下，赤霞珠只有25種。

風味

黑皮諾是釀造勃艮第紅葡萄酒的唯一品種，只有在單獨釀造時，才能產出最出色的葡萄酒。由於她的果皮薄，通常用她釀造的紅葡萄酒顏色較淺，為中等寶石紅色，單寧含量為低到中等，但十分柔和，酒體輕盈，香氣優雅，年輕時帶有典型的紅色水果香味，如覆盆子、櫻桃、草莓等。隨著不斷的陳年發展，還會有紫羅蘭、蘑菇、黑松露、煙草及動物皮革等植物和動物味。

經過陳年的黑皮諾葡萄酒能產生很多的複雜性，雖然新橡木桶的烘烤和香草味較易掩蓋她優雅的果味。勃艮第的紅葡萄酒風格萬千，有的顏色深濃，單寧含量豐富，橡木味濃重，有上好的陳年潛力；也有的葡萄酒色澤暗沉，果味濃郁，酸度較高，需儘快飲用。而品質最上乘的黑皮諾葡萄酒口感濃郁而豐厚，果味豐富，結構明顯，橡木味與其他風味結合得恰到好處，既有愉悅的平衡感，又有不勝枚舉的複雜度。但除勃艮第及部分優質產區的黑皮諾酒外，大多數黑皮諾葡萄酒最好在年輕果味豐富時飲用。除少數特例之外，如可與嘉美（Gamay）混釀，勃艮第的紅葡萄酒都是用100%黑皮諾品種釀造。

風土

單只一個「唯一」還不足以說明黑皮諾的任性，她對氣候、土壤的挑剔也是出了名的任性。由於屬早熟品種，黑皮諾發芽較早，所以易受霜凍，這也能說明為什麼黑皮諾喜歡溫和或涼爽的氣候，但她卻不能在太涼爽的氣候下完全成熟，香氣不夠，酸度不高，以致酒的香氣充滿洋白菜或濕樹葉等植物味；也不能在炎熱的氣候裡過度成熟，而令她釀出的葡萄酒盡失優雅果味而只剩濃重的果醬味。甚至在雨水多的成長期也極易令她腐爛，所以黑皮諾尤喜蓄濕能力弱而較為乾燥的石灰岩和泥灰的土壤，而不宜種植在地勢較低且陰冷潮濕的地方。

分佈

黑皮諾雖然是勃艮第的唯一紅葡萄酒釀造品種，其家鄉在勃艮第，但除了世界上較炎熱的地區，她的蹤跡也遍佈全球。

在法國，黑皮諾佔領著整個東部地區，其最經典的產區在勃艮第，位於勃艮第的金丘曾是黑皮諾的最大單一種植地。黑皮諾的任性和嬌貴也是在這個產區表現得最為淋漓盡致，因為這個地區的氣候也是無比的任性。整個地區都是大體上偏涼爽的大陸性氣候，為黑皮諾提供了良好的生長條件，但同時她們也飽受年初的春霜、年中的雨季及肆虐的冰雹摧殘，所以勃艮第人用了幾個世紀來透徹地研究每一塊葡萄田及各種微氣候，終於可以解讀這任性的天氣與嬌貴的品種，釀造出了全世界最出色最昂貴的葡萄酒。

來自產區不同村莊的酒展示出不同的風味特徵，因此也用村莊名來為葡萄酒冠名，其中的佼佼者包括熱夫雷 - 尚貝坦（Gevrey-Chambertin）、尼伊聖喬治（Niuts-Saint-Georges）、博納（Beaune）及波馬爾（Pommard）等單一村莊。來自特級園的黑皮諾葡萄酒，如尚貝坦（Le Chambertin）堪稱世界上最濃郁、回味最悠長、層次最複雜、最有深度的黑皮諾葡萄酒。由於質量頂級且稀有，特級園（Grand Cru）的黑皮諾葡萄酒的價格也是尤為昂貴。勃艮第有 33 個特級園，其中的 25 個僅出產或同時出產黑皮諾葡萄酒，他們亦代表著勃艮第紅葡萄酒的最高水平及境界。

除在勃艮第，黑皮諾也在香檳區廣泛種植用來釀造起泡酒──香檳。在香檳釀造中使用黑皮諾，可令香檳酒體更飽滿，陳年潛力更大。但黑皮偌大多是與霞多麗（Chardonnay）及慕尼耶皮諾（Meunier）混釀成香檳，只有極少數用 100% 黑皮諾釀製的香檳葡萄酒口感極其豐厚，令人印象深刻。此外，香檳區還有少量的靜止葡萄酒也使用黑皮諾釀造。

在以出產白葡萄酒聞名的法國阿爾薩斯地區，黑皮諾是唯一的紅葡萄酒品種。在黑皮諾成熟的好年份裡，可以釀造出色澤深濃而香氣四溢，口感甜美愉悅的紅葡萄酒。

在德國，出產大量黑皮諾葡萄酒的產區為法爾茨（Pfalz）和巴登（Baden）。這兩個位於南部的產區氣候較涼爽，釀出的黑皮諾葡萄酒有明顯的紅果香氣，單寧含量較低，酒體輕盈。同時，這些產區也出產酒體較飽滿，經橡木桶陳釀的黑皮諾葡萄酒。

在澳大利亞，雖然整體的氣候對於黑皮諾來說較為炎熱，但得益於適宜的海拔及涼爽的海風，黑皮諾也有不俗的表現。雅拉谷（Yarra Valley）及莫寧頓半島（Mornington Peninsula）就出產香氣優雅、果味濃郁（李子、草莓季黑櫻桃）、單寧成熟及結構明顯的黑皮諾葡萄酒。

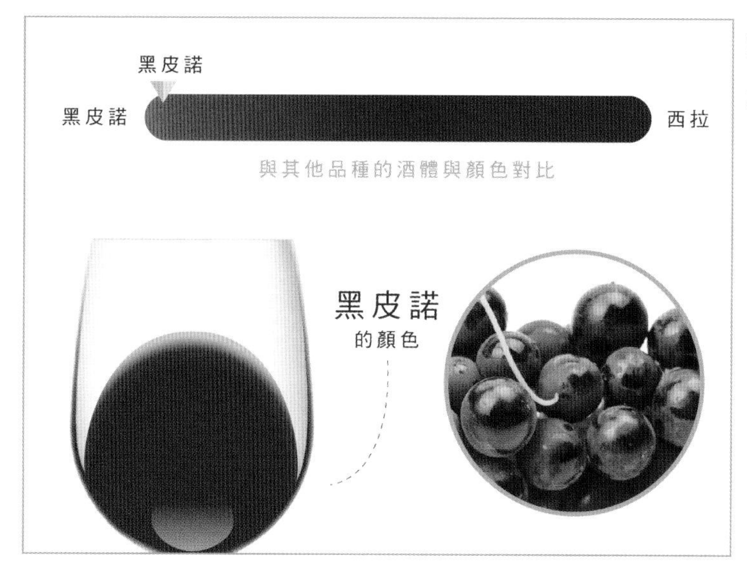

黑皮諾葡萄酒和西拉葡萄酒酒體及顏色對比。黑皮諾葡萄及其葡萄酒的顏色。

新西蘭的黑皮諾則主要種植在中奧塔哥（Central Otgo）及馬爾堡（Marlborough）。前者出產新西蘭口感最為濃郁豐厚的黑皮諾葡萄酒；後者則主要是用黑皮諾來釀造起泡酒及一些口味清淡的紅葡萄酒。整體而言，新西蘭的黑皮諾葡萄酒比勃艮第出產的酒果味更濃郁並伴有香料味，酸度更低，但酒體卻更飽滿。

在美國，黑皮諾主要產自較北部的俄勒岡（Oregon）地區，由於氣候涼爽適宜，黑皮諾葡萄酒的質量上佳。而在主要的產酒州加利福尼亞，由於大部分地區氣候炎熱，黑皮諾都無法生長，但在索諾瑪（Sonoma）、聖巴巴拉（Saint Barbara）及卡羅尼斯（Carneros）等氣候涼爽的地區，卻能出產品質不俗的黑皮諾葡萄酒。2004 年的一部美國電影《杯酒人生》（Sideway）講述步入中年危機卻大愛黑皮諾的男主角邁爾斯，和好友在聖巴巴拉地區與美女、美酒度過了難忘一周的故事。隨後，黑皮諾葡萄酒在美國當年的銷量攀升了16%，這部電影對黑皮諾在美國乃至世界的聲名鵲起功不可沒 。

在南非及南美的智利也分別出產數量不多的高品質黑皮諾葡萄酒，如南非沿海地區的沃克灣（Walker Bay）以及智利的卡薩布蘭卡（Casablanca）。

除以上質量上乘的產區，在氣候相對較熱的美國加州中央山谷、澳大利亞墨累河岸地區及法國奧克地區也出產大批廉價的黑皮諾葡萄酒。

4. 孿生姐妹──西拉 / 設拉子（Syrah/Shiraz）

如果說有一種葡萄能在赤霞珠、梅洛及黑皮諾三足鼎立的葡萄王國佔據一席之地，那就非西拉 / 設拉子莫屬了。西拉與設拉子其實是同一個葡萄品種，只不過她的法國名叫西拉（Syrah），而移民澳大利亞後叫設拉子（Shiraz）。相比法國的西拉（Syrah），許多人應該更熟悉澳洲的設拉子（Shiraz），這應該與澳大利亞的設拉子葡萄酒在歐洲市場佔有重要的市場份額不無關係。

起源

其實，Shiraz 不僅是葡萄品種的名字，還是古波斯的首都名字。早在波斯帝國時期，Shiraz 就可以被用來釀製當時帝國裡出色的葡萄酒了。至於從古波斯即現在的伊朗到法國的羅納河谷，Shiraz 是如何跋山涉水才到達第二故鄉的呢？傳說是希臘人在公元前 600 年將其帶回希臘，之後便輾轉傳入法國，也有傳說她在公元前 280 年由羅馬人引入法國。無論歷史的真相如何，總之，她是在法國的北羅納河谷落地生根了。

隨後在 19 世紀 30 年代，Shriaz 葡萄由澳洲葡萄酒之父 James Busby 在訪問法國之後帶回澳洲，最開始種植於獵人谷（Hunter Valley），其後由於澳洲設拉子葡萄酒出口量劇增，到 20 世紀 80 年代中期，澳洲便湧現設拉子葡萄種植熱潮，從此便一發不可收拾得風靡整個澳大利亞，成為當地最主要的紅葡萄品種。

風味

西拉及設拉子究其本質實為同一品種，但用她們釀造出的葡萄酒卻是各有風格。西拉收斂優雅，設拉子豐腴成熟，果味濃郁。這就猶如「橘生淮南則為橘，生於淮北則為枳，葉徒相似，其實味不同。所以然者何？水土異也。」

西拉與赤霞珠相似，都是粒小而果皮深厚的葡萄品種，所以釀出的葡萄酒顏色深濃，單寧含量中等或偏高，酸度中等，通常酒體飽滿，帶有黑色水果和黑巧克力的香味。西拉尤喜溫和或炎熱的氣候，在涼爽的氣候之下，她是無法成熟的。產自溫和地區的西拉葡萄酒，帶有草本植物、燻肉及黑胡椒等香料味。來自炎熱地區的葡萄酒則更多明顯的甘草等甘甜香料的風味。許多西拉葡萄酒都會在橡木桶中熟化

②

③

①羅蒂丘的一個西拉葡萄園

②舊世界西拉產區出產的西拉葡萄酒主要風味

③新世界西拉產區出產的西拉葡萄酒主要風味

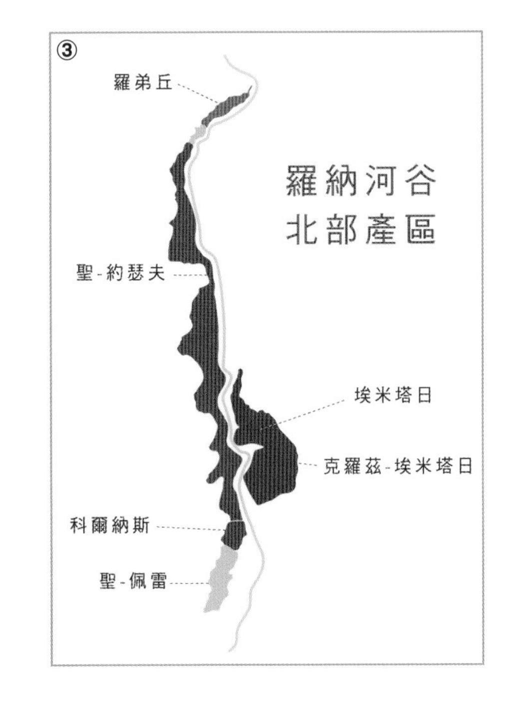

①西拉葡萄酒與黑皮諾葡萄酒酒體及顏色的對比示意圖

②西拉葡萄酒的顏色

③北羅納河谷葡萄酒分佈圖：黃色地區出產100%白葡萄酒，粉紅色地區出產紅葡萄酒和白葡萄酒，深紅色地區出產100%紅葡萄酒。

陳釀而增加煙燻、烘烤或香草、椰子的味道。最好的西拉葡萄酒隨著時間的推移，還會慢慢產生濕樹葉、泥土及皮革等複雜的植物與動物風味。

分佈

放眼世界，西拉的主要分佈地區是在法國的羅納河谷北部及澳大利亞。

羅納河谷北部是西拉的經典產區，早在18世紀西拉就成為了羅納河谷主要種植的葡萄品種。最好的法定產區位於最北面的羅第丘（Cote Rotie）。這裡出產的西拉葡萄酒因加入維歐尼葡萄品種而增加了花香及香料味，變得柔和優雅。最著名的便是吉佳樂世家酒莊（E.Guigal）出品的 La Landonne、La Mouline、La Turque 三款頗受羅伯特帕克大師好評的葡萄酒。

往南的埃米塔日（Hermitage）產區也是西拉葡萄酒的最重要產區之一。該區西拉葡萄生長在坐北朝南陡峭山坡的梯田上，不僅免於北風的摧殘，還可沐浴溫暖的陽光，加之良好的排水系統，使得這裡出產的西拉葡萄酒強勁有力，結構明顯，複雜有深度，陳年潛力巨大，但產量稀少，因此價格也較昂貴。有「埃米塔日教皇」美譽的 Domaine Jean-Louis Chave 就位於該產區。

羅納河谷南部的教皇新堡（Chateauneuf-du-Pape）產區雖面積較小，但知名度卻很高。該地區使用包括西拉在內的 13 種葡萄品種混釀，常見的則是混合歌海娜（Grenache）、西拉、慕合懷特（Mourvedre）及神索（Cinsault）的（GMSC）混釀。此地出產的葡萄酒單寧中等，酸度較低，但酒體飽滿，口感濃郁而複雜，帶有草莓、胡椒、甘草及皮革等風味。博卡斯特爾酒莊（Chateau de Beaucastel）及哈雅絲酒莊（Chateau Rayas）便是其中的表表者。

澳大利亞以出產不同風格的西拉葡萄酒而聞名於世，皆因西拉的蹤跡遍佈整個澳洲，從溫和到炎熱地區，從傳統的獵人谷（Hunter Valley）、麥拉侖維爾（McLaren）、布諾薩（Barossa）到較新的西斯柯特（Heathcote）和格蘭皮恩（Grampians），都可以出產西拉葡萄酒。相較羅納河谷的西拉，澳洲的出品風格更加成熟而甜美，帶有更濃的巧克力味，有的還伴有淡淡的桉樹味。在炎熱產區的獵人谷（Hunter Valley）、麥拉侖維爾（McLaren）、布諾薩谷（Barossa Valley）出產的葡萄酒帶有濃郁的黑果、甘甜香料及黑朱古力風味。經橡木桶陳釀的西拉則更多煙燻、香料及椰子的味道。

在布諾薩谷（Barossa Valley），有許多被視為珍品的老藤西拉，所釀製的葡萄酒帶著朱古力及香料味，口感濃郁集中，複雜有深度，但酒精度往往較高。釀出頂級膜拜酒—奔富葛蘭許（Penfolds Grange）的奔富酒莊（Penfolds）及擁珍惜老藤的聖哈利特酒莊（St Hallett）和托佈雷酒莊（Torbreck）都是該產區酒莊中的翹楚。

在氣候較溫和的西斯柯特（Heathcote）和格蘭皮恩（Grampians）產區，西拉葡萄酒的風格則類似於羅納河谷的出品，擁有更多的胡椒味，更濃郁複雜，但酒體較炎熱地區輕盈。

澳大利亞近鄰新西蘭也都出產少量西拉葡萄酒，主要來自霍克灣（Hawker Bay）產區的一個子產區 Gimblett Gravel，因遍佈此產區大部分土地的碎石土壤擁有良好的蓄熱能力，使西拉在這裡得以良好得生長及完全成熟，釀出的葡萄酒不但酒體豐滿強勁，且帶有純淨優雅的果味。代表酒莊包括克拉吉酒莊（Craggy Range）和新瑪麗莊園（Villa Maria）。

於 20 世紀 90 年代開始廣泛種植西拉的南非，產區主要集中在 Stellenbosch 及 Paarl，除了少數追求羅納河谷優雅收斂風格的葡萄酒，出產更多的是濃郁成熟而豐腴的風格；智利和阿根廷同樣也種植西拉，釀造的葡萄酒風格更為濃郁深沉。

5. 山腳下的王──內比奧羅（Nebbiolo）

意大利這個古羅馬文明古國，是文藝復興及歌劇的發祥地，是巴洛克藝術與哥特式建築的殿堂，也是全球 AC 米蘭足球迷及米蘭時裝周粉絲的朝聖地，而她更是葡萄酒的王國。稱霸於這個葡萄酒王國的便是來自意大利西北部阿爾卑斯山腳下的一位王者──內比奧羅。

起源

稱其為王者，是因為他一直被視為意大利最尊貴的本土葡萄品種，也是意大利最古老的培育品種之一，

是他成就了意大利的「酒王」與「酒后」。但是，這位王者的身世起源卻是一個謎，有證據顯示他可能出生在三面被阿爾卑斯山脈環繞的皮埃蒙特（Piemonte，意大利語意為「山腳下」）或倫巴第（Lombardy）。他最早的名字——Nubiola來自「古羅馬活百科全書」老普林尼（Pliny the Elder），意為拉丁語中的「霧」。由於內比奧羅屬晚熟品種，待到深秋時節才能採摘，當時皮埃蒙特的葡萄園裡常常霧氣繚繞，所以才以「霧」命名；也有人認為此名是因為內比奧羅掛在葡萄樹上繁盛的果實在接近成熟時，表面會有一層乳白色的薄「霜」，像一顆顆被霧氣籠罩的露珠一樣；還有人認為Nebbiolo源於Nobile意為貴族的意大利語，這是為了紀念意大利的貴族或國王，故以他們的名義命名。無論其名字來歷如何，從13世紀的Nibiolo、nebiolo到14世紀的Nebiolus，這位能釀出好酒的王者一直備受意大利人的尊敬，甚至在15世紀，有相關法律規定對隨意砍伐內比奧羅葡萄樹的人予以大量罰款或將重犯施以砍手或絞刑，統治階層對內比奧羅的重視也由此可見一斑。時至今日，Nebbiolo已經被很多偉大的葡萄品種科學家們認可了他的江湖地位及所釀酒的卓越品質，被公認為皮埃

①瓦爾泰利納地區（Valtellina）被稱作奇文納斯卡（Chiavennasca）的內比奧羅，釀出風格最優雅的葡萄酒之一。

②內比奧羅主要分佈於意大利北部的皮埃蒙特產區

③內比奧羅葡萄在意大利皮埃蒙特產區的主要分佈示意圖

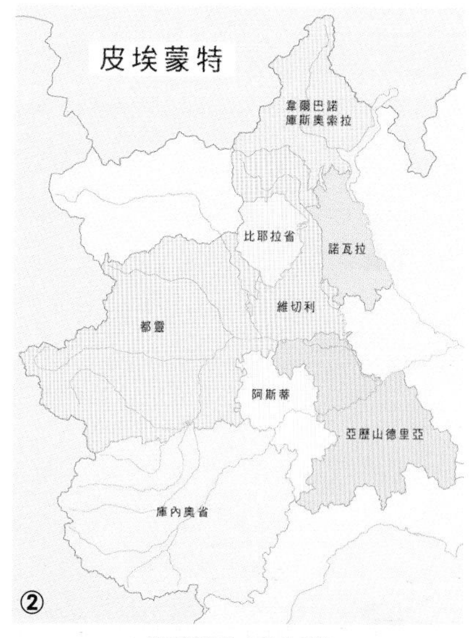

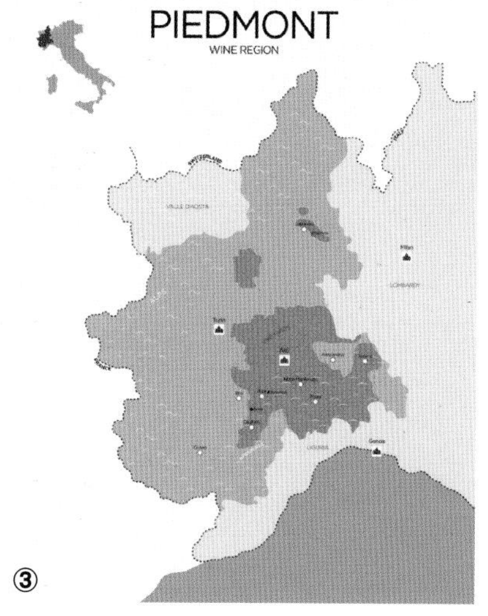

蒙特甚至是意大利葡萄酒王國的寶貴財富。

風味

這位山腳下的王者，身材並不碩大魁梧，相反卻是小個子但十分精壯（顆粒小），皮膚厚實（果皮厚），所以釀製的葡萄酒單寧含量豐富，帶有典型的覆盆子、紅醋慄、藍莓、櫻桃、玫瑰等香氣，陳年後更帶來複雜的松露、煙燻及朱古力和胡椒等香味。酒體飽滿，單寧、酒精度及酸度頗高，陳年潛力極大。口感可強勁有力，亦可略微細膩柔和，正如巴羅洛（Barlolo）葡萄酒和巴巴萊斯科（Barbaressco）這兩種同是由內比奧羅釀造，但風格卻一剛一柔。巴羅洛是內比奧羅最具代表性的酒款，其標誌性的焦油及玫瑰香氣複雜而迷人，口感濃烈，酒精度較高，陳年潛力極強，有意酒之王的美譽。而儘管巴巴萊斯科相比巴羅洛，單寧含量更低，酒體更輕，顏色更淺，但憑藉細膩精緻的花香果味及柔和的骨架，也頗受歡迎，亦有酒后的美稱。

整體來說，正是內比奧羅所釀的紅葡萄酒單寧含量很高，所以可以通過陳年來使其成熟及柔滑，這也正是內比奧羅可以釀造陳年潛力大、酒齡長的葡萄酒的原因。但這種葡萄酒的顏色卻不穩定，因其顏色較淺，單寧又多，稍一陳年，單寧與色素結合成為沉澱，葡萄酒的顏色便會更淺，邊緣色帶還會呈磚黃色。但經過陳年的優質內比奧羅葡萄酒卻可以產生非常複雜有層次而又精緻迷人的風味。

風土

雖然歷經幾個世紀的耕耘，但這位王者遭遇了一場全世界範圍內的根瘤蚜蟲病之後，仍然只佔據皮埃蒙特少於 5% 的葡萄園面積，但毋庸置疑的是這 5% 的面積是這片山腳下最精華最矜貴的土地。內比奧羅也像極為任性嬌貴的黑皮諾，對生長環境要求極高，這也是他至今仍於阿爾卑斯山腳下偏居一隅而非全世界都可隨遇而安的原因之一。皮埃蒙特屬於大陸性氣候，在葡萄成熟期，晝夜溫差極大，利於風味物質的濃縮和凝聚。這位極難伺候的王在朗格山脈的鈣質石灰岩或泥灰土中才能生長，這種鹼性的土壤可以賦予他芳香與王者的風骨，還有他特有的焦油香。而皮埃蒙特正是富含這樣的土壤，尤其是在以出產意大利頂級白松露而聞名的一塊風水寶地——阿爾巴（Alba），久負盛名的意大利酒王 Barlolo 及酒後 Barbaressco 都來自這裡。巴巴萊斯科和巴羅洛的主要土壤為白堊泥灰，並摻合有沙子、石灰石和富含礦物質的粘土。最早開花而最晚成熟的內比奧羅是葡萄王國生長週期最長的品種之一，因此有充足陽光照射的正南、西南或東南朝向的斜坡是他的理想安家之處，因足夠的光照可以加快他的成熟，同時斜坡上位於海拔 250 米至 450 米之間的範圍是最佳種植區域，這樣的高度既不會太低而遭受霜凍侵害，也不會太高溫度而延緩成熟期。

分佈

作為意大利最出色的本土品種，內比奧羅對土壤的挑剔性限制了他在世界其他地區的廣泛種植。在意大利，內比奧羅在家鄉皮埃蒙特產區的表現最為出眾，最有名的葡萄酒便是分別有意大利酒王及酒后之稱的巴羅洛（Barlolo）DOCG 及巴巴萊斯科（Barbaressco）DOCG 葡萄酒。這兩個內比奧羅表現最佳的子產區位於塔納羅（Tanaro）河右岸的阿爾巴（Alba）

被內比奧羅葡萄園覆蓋的巴羅洛與巴巴萊斯克產區

北部及南部地區，出產的葡萄酒擁有最複雜香氣及濃郁風味，與酒中豐富的單寧和高酸度配搭平衡，相得益彰。

巴羅洛產區與勃艮第一樣，土壤與環境變化較大，不同村子釀造的葡萄酒會呈現截然不同的風格，根據土壤及微氣候條件，該產區總體上又分東、西兩個谷地。東部為塞拉倫加谷地（Serralunga Valley），包括Monforte d'Alba、Castiglinoe Falletto及Serralunga d'Alba三個村莊。夢馥迪·阿爾巴村（Monforte d'Alba）、卡斯蒂戈隆·法列多村（Castiglinoe Falletto）及塞拉倫加·阿爾巴村（Serralunga d'Alba）。由於這裡土地較貧瘠且多礫石，富含鐵元素，所出產的葡萄酒單寧結實強勁，酒體豐滿，窖藏潛力多為12年以上，極具王者風範。西部的中央谷地（Central Valley），包括巴羅洛與拉夢羅村。與巴巴萊斯科石灰質泥灰土壤類似的拉夢羅村，出產的葡萄酒香氣馥郁醇香，單寧圓潤柔順，酒體飽滿。該村也是巴羅洛葡萄酒產區產量最大的村莊。若想一睹王者的風采，Brunate、Bussia、Vigna Rionda、Cannubi、Cerequio及Rocche dell'Annunziata等巴羅洛特級園都值得關注。

包括巴巴萊斯科村、內華村（Neive）和特黑索（Treiso）村的巴巴

內比奧羅 發音 "nebby-oh-low"

■ 發源地：
義大利北部

■ 同種類：
巴羅洛、巴巴萊斯科、奇文納斯卡、斯帕納

■ 顏色：
淺石榴紅色

玫瑰　紅櫻桃　皮革　泥土　茴香

內比奧羅，起源於意大利北部，擁有顯著的玫瑰、櫻桃、皮革、泥土和茴香味道。

萊斯科產區因靠近塔納羅（Tanaro）河，此地會略顯溫暖一些，加之此處山坡通常更為和緩平穩，葡萄園多種植在海拔略低（280-300米）的區域，所以葡萄也更為早熟，出產的葡萄酒既有濃郁的花果香，又有飽滿的酒體，相較東部的巴羅洛產區，風格更具柔和的女性魅力，這裡出產的最好葡萄酒被稱為酒后也是實至名歸。

除雙B產區的酒王與酒后之外，在意大利的其他產區也可覓得內比奧羅的蹤跡，雖是改名換姓，但還是百變不離其宗，如生長在賽西亞（Sesia）河左岸及右岸丘陵區的Spanna，塔納羅河左岸羅埃洛地區的Nebbiolo d'Alba，DOC產區克里瑪（Carema）的Picutener以及在倫巴第產區的Chiavennasca。倫巴第是唯一能與皮埃蒙特媲美的產區。該區品質最好最濃郁的內比奧羅來自Sfursat，採用與阿瑪羅尼（Amarone）一樣的風乾釀造工藝，釀出的葡萄酒一如阿瑪羅尼（Amarone）般細緻濃醇，只是風格上略顯纖細。

在世界其他地區，內比奧羅始終因「水土不服」而缺乏其本身的王者氣質（特有的品種芳香）而使種植者不得不放棄。但在澳洲的國王谷（KingValley）及美國的華盛頓州及俄勒岡州呈現出較好的發展潛力。

6. 風情萬種——霞多麗（Chardonnay）

世界上的女人喜歡男人，有人喜歡顏值爆表的小鮮肉，有人喜歡成熟穩重的大叔；而男人喜歡女人，有的是清純甜美的小清新，有的是優雅知性的淑女，有的是風韻雅緻的熟女，還有華貴的名媛貴婦……在葡萄酒王國裡，要問誰可以集以上風格於一身，答案就只有霞多麗了。

起源

現在人們都知道法國勃艮第是霞多麗的故鄉，在此之前，霞多麗的身世一直撲朔迷離，有人說她來自中東地區，由十字軍帶到了歐洲，也有人說她的家鄉是地中海島國塞浦路斯。最終還是DNA檢測揭開了霞多麗的身世之謎：與法國東北部的其他常見品種一樣，霞多麗是黑皮諾和白高維斯(Gouais Blanc)的後代。Chardonnay原是勃艮第地區的一個市鎮名，該市鎮也是歐洲最早種植這種葡萄品種的地方，霞多麗的名字便源於此市鎮之名。

風味與分佈

霞多麗釀出的白葡萄酒可以是淡淡的檸檬黃色，散發著伴有青瓜香氣、清新提神的青蘋果、青檸香味，還有那頗高的酸度，聞起來就讓人垂涎欲滴，小呡一口就像口含一片檸檬，抑或咬到不鏽鋼叉，渾身不禁略微顫抖一下。當然，還可以是柔和的黃色，迷人的桃子、白花、無花果或紅蘋果香氣四溢，酸度與濃郁果味完美融合，入口細膩柔滑，是為極滿足的味蕾享受。更可以是金黃色的酒液中不斷湧出香蕉、菠蘿或芒果等熱帶水果芳香，味蕾浸潤在未能感知到酸度卻略帶甜味的酒液中，彷彿置身於熱帶島嶼燦爛的陽光裡……

沒錯，霞多麗就是這樣風格百變。這千變萬化都得益於她是一種極為出眾的白葡萄品種，雖然開花早，怕霜凍，皮薄，怕大雨，但除此之外，她在眾葡萄品種中擁有最強氣候適應能力，幾乎在世界上能種植釀酒葡萄的地區都可以種植。不同的氣候條件讓她擁有不同的成熟度，從而呈現出各有千秋的風格。不管是涼爽還是溫和抑或炎熱氣候，她都能應付自如，賦予葡萄酒十足的魅力。

第一種小清新的霞多麗通常生長在涼爽氣候地區（受緯度高或海拔高或海風溫度低等影響），如勃艮第的子產區夏布利（Chablis）。這些典型的涼爽地區，賦予霞多麗一股清新的綠色水果芳香，並常常混合柑橘類水果或青瓜等青色植物香氣，同時也帶給她相當高且尖銳的酸度，一如還未長成的青澀少女。在涼爽氣候產區的霞多麗一般是嚐不到橡木風味的，因為像夏布利等地的霞多麗葡萄酒為了保留清新的果味，幾乎不使用橡木桶。大部分不經橡木桶陳釀的霞多麗葡萄酒都是來自涼爽氣候的產區，如美國加州的索諾瑪海岸（Sonoma Coast）及俄勒岡州（Oregon）、西澳州（Western Australia）、智利的空加瓜谷（Colchagua）和卡薩布蘭卡谷（Casablanca Valley）。

第二種淑女氣質的霞多麗來自溫暖地區，如勃艮第的大部分產區及新世界的優質產區。溫和的氣候讓霞多麗散發著優雅的白色核果（桃子）及柑橘類芳香，甚至有時還會有淡淡的甜瓜味，一如褪去青澀與稚嫩的氣質淑女，她的酸度亦含蓄包容。位於勃艮第中心的科多爾（Cote d'Or）就是典型溫和氣候產區的代表。該產區南部的博納丘（Cote de Beaune）多出產以村莊命名的高品質霞多麗葡萄酒，最著名的當屬皮里尼-蒙哈榭（Puligny-Montrachet）及默爾索（Meursault）。

第三種成熟風韻的霞多麗多半來自氣候炎熱地區，如許多新世界產區。這些炎熱產區出產的霞多麗充滿熱帶水果香氣，如香蕉、芒果、菠蘿等。雖然酸度會稍顯低調而使骨架略微鬆弛，但馥郁的果味卻一定不會讓人失望。這樣的霞多麗可以來自意大利南部、美國加州、南非西開普省、智利中央山谷或是東南澳大利亞。

第四種名媛貴婦版的霞多麗便是法國香檳區出產的白中白香檳。這可謂是霞多麗麻雀變鳳凰的華麗轉身，因為白中白香檳一般是由 100% 的霞多麗釀造而成。這樣的霞多麗起泡葡萄酒年輕時酒體輕盈，酸味十足，有含蓄的青蘋果及柑橘類水果風味，瓶中的陳年亦會賦予她更豐富的黃油風味。香檳相較普通的葡萄酒或其他起泡酒本就價高一籌，更何況是高品質的白中白香檳，所以稱是霞多麗的名媛貴婦版也不為過。

不同成熟度的霞多麗葡萄所釀出白葡萄酒的味道及不同成熟度的霞多麗葡萄所釀出白葡萄酒的味道。

釀造法

由此可見，霞多麗就算只是「靠天吃飯」也能至少有以上常見的三種風格，白中白香檳算是一個與霞多麗關係重大的特例。雖然優質的霞多麗葡萄酒都不是混釀而成的，但也有相對低價的霞多麗與其他白葡萄品種混釀，如澳大利亞的賽美蓉、南非的鴿籠白、白詩南及維歐尼等，其風格多變數不勝數。除此之外，釀酒師採用的釀酒方法也讓霞多麗各具風味。這是因為霞多麗酒中所含的許多香氣並不只是來自葡萄本身，還來自於釀酒工藝，包括蘋果酸乳酸發酵、酒泥發酵及橡木桶陳釀等。

蘋果酸乳酸發酵（MLF，Malolactic Fermentation）是將蘋果酸（Malic Acid）轉化為乳酸（Lactic Acid）與二氧化碳的過程。蘋果酸刺激性很強，而乳酸則柔和很多，酸度也較低。在涼爽氣候條件下，霞多麗的酸度高而尖銳，口感艱澀，所以釀酒師們便採用蘋果酸乳酸發酵，利用本就在酒窖空氣中大量存在的天然乳酸菌，將霞多麗葡萄酒中含有的部分或全部蘋果酸轉化為乳酸，這樣不僅可以降低酸度，使口感柔和，還能為霞多麗增添黃油、奶油的風味及豐富的複雜度。

酒泥（Lees）發酵則是發酵完成後的死亡酵母被繼續浸泡於酒液中發酵的過程。在炎熱的氣候下，霞多麗的酸度本來就略顯鬆弛，為保留霞多麗的酸度，便不可再讓乳酸菌分解蘋果酸，於是酒泥發酵此時便能大顯身手。將殘留於霞多麗酒液中的酒泥繼續浸泡並攪動，便可使霞多麗擁有光滑的質感以及酒泥溶解於酒中所產生的餅乾、酵母等鮮味。

橡木桶陳釀也可為霞多麗增添許多風味。除來自涼爽地區的霞多麗為保果味的純度，幾乎不用橡木桶陳釀，其他出產果實品質優良的霞多麗通常經橡木桶陳釀，增添了烤麵包、香草及椰子等香味。然而，來自不同地區的橡木桶，其香味、紋理、質地、烘烤程度及使用次數都能賦予葡萄酒不同的風味。例如常見的法國橡木桶和美國橡木桶對葡萄酒風味的影響就大有不同。法國橡木桶紋理緊密但氣孔多，單寧柔和，香味多為烤麵包、香料等，對葡萄酒風味的影響更含蓄，令葡萄酒整體口感更和諧複雜；而美國橡木桶密度高氣孔少，單寧較澀，帶給葡萄酒香草、椰子等甘甜的香氣居多。此外，輕度烘烤的橡木桶賦予葡萄酒更多木桶自身的風味，重度烘烤賦予葡萄酒更多橡木味和煙燻風味……所以，就算是用一個葡萄園生長的霞多麗釀出的葡萄酒經不同橡木桶陳釀，其風格都會大相逕

①長相思在法國主要分佈於盧瓦爾河谷、西南部及朗格多克魯西榮地區。

②長相思在新西蘭主要分佈在馬爾堡、尼爾森及懷拉拉帕。

庭，更不用說不同年份、產區及葡萄園出產的霞多麗要經不同的橡木桶陳釀的葡萄酒了。

蘋果酸乳酸發酵的比例、酒泥接觸時間及橡木桶陳釀三者的千萬種組合造就了霞多麗葡萄酒千萬種風格，加上法國官方認可的40種霞多麗家族中的克隆品種、不同氣候、土壤、海拔、朝向等變數，數不勝數的組合，霞多麗可謂是名副其實的風情萬種啊！

7. 馥郁清新──長相思（Sauvignon Blanc）

起源

在葡萄酒王國眾多佳麗中，長相思一定是那位擁有天生嬌美容顏，讓人一見鍾情的「第一眼美女」。讓人一見傾心的不僅是她那千迴百轉、惹人憐愛的名字，還有她渾身散發出的馥郁芬芳，讓人忍不住想要一親芳澤。電影裡有聞香識女人，葡萄酒王國中便有聞香識葡萄。長相思便正是那種讓人一聞香氣便可辨識的葡萄。

Sauvignon Blanc又名白蘇維翁，她是一種濃郁芳香的白葡萄品種，來自法國波爾多地區，是適宜生長在溫和或涼爽地區，尤喜石灰質土壤。但會是誰孕育了如此天生麗質的長相思呢？目前葡萄品種學家認為較為可能的白詩南（Chenin Blanc）和瓊瑤漿（Gewurztraminer），因白詩南可賦予長相思如此清爽的酸度及新鮮的綠色水果香氣，瓊瑤漿則帶給她馥郁芬芳的香氣。雖自身來歷成謎，但正是她與品麗珠（Cabernet Franc）孕育出了現今稱霸波爾多的赤霞珠（Cabernet Sauvignon）。

風味

長相思通常有綠色水果和植物的濃郁香氣，主要用於釀造果味豐富、早熟、酒體適中而簡單易飲的干白葡萄酒。她的酸度很高，香味濃烈，常有一股清新的醋栗、青草、青檸、

長相思葡萄及葡萄酒的顏色，不同成熟度的長相思葡萄所釀出白葡萄酒的味道。

青椒或蘆筍的香氣。英國著名的葡萄酒大師傑西斯──羅賓遜（Jancis Robinson）更描述長相思有貓尿氣味（Cats pee on gooseberry bush）也使長相思知名度大增。一杯典型的長相思葡萄酒最顯著的特點便是未見其酒，先聞其香。對香氣再不敏感的人，都能清晰地感受到她綠色的氣息，彷彿置身於春天鬱鬱蔥蔥的綠草地，盡情呼吸清新空氣的味道。因此，長相思也常常被安排在酒會的第一位出場，她那濃烈而清新的香氣和清爽十足的酸度讓人瞬間提神開胃，打開味蕾迎接美酒佳餚。

分佈

盛產這種極為有個性和辨識度長相思葡萄酒的地方當屬新西蘭馬爾堡。位於新西蘭南島的馬爾堡，擁有涼爽的海風，燦爛的陽光和極為純淨的空氣，使此地成為長相思的天堂，出產品質極高的長相思葡萄酒。這裡的長相思葡萄酒具有典型的高酸度、無橡木味、酒體適中，香氣馥郁，甘洌純淨，風味猶如雨後青草、番茄葉及檸檬草等。因此，馬爾堡長相思葡萄酒的表表者如 Cloudy Bay、Saint Clair、Villa Maria 等亦成為全球長相思葡萄酒中的翹楚。源於波爾多的長相思卻是由新西蘭走向世界而聲名鵲起，引領全球白葡萄酒的「綠色風潮」。

除此之外，法國盧瓦爾中央葡萄園（Loire Central Vineyards）隔盧瓦爾河相互眺望的桑塞爾（Sancerre）及普伊芙美（Pouilly-Fume）因涼爽的氣候和充滿礦物質的白堊土和燧石土壤，成就了可謂世界上最馥郁純淨清新的長相思干白葡萄酒。桑塞爾的長相思酸度更為清爽，更多的草本味；而普伊芙美則用 100% 的長相思釀造白葡萄酒，其口感更飽滿圓潤，燧石味濃郁，與夏布利（Chablis）礦物味十足的霞多麗有幾分相似。澳大利亞的阿德萊德山區（Adelaide Hills）、智利的卡薩布蘭卡（Casablanca）和聖安東尼奧（San Antonio）、南非的康斯坦蒂亞（Constantia）和埃爾金（Elgin）都出產果味濃郁、風格純淨的高品質長相思葡萄酒。

長相思雖在涼爽地區以追求清新純淨的果味風格為主，多以「素麵朝天」的形象示人。在溫和地區，長相思雖少了些涼爽地區擁有的複雜芳香，但可經橡木桶熟化，好似上了一層淡妝，被賦予烤麵包及香草和甘草等香料的味道。這種略施粉黛的長相思比起素麵朝天，多了幾分成熟韻味及豐富的複雜度。盛產這種橡木味風格長相思葡萄酒的典型代表是較為溫暖的加州納帕谷（Napa Valley），只不過長相思在這裡卻有另外一個名字：白芙美（Fume Blanc），因美國葡萄酒之父羅伯特 - 蒙大維先生（Robert Mondavi）在 1968 年將第一株白芙美種植在其葡萄園中，為與法國波爾多的長相思有所區別，而給了白芙美如今的名字。納帕谷的酒莊將白芙美葡萄酒進行不同程度的橡木桶熟化，帶給白芙美不同程度和風格的橡木味，而長相思特有的草本植物味透過香料及烤麵包、香草及甘草等橡木味散發出來，化身為真正的白富美，甚是迷人。

不管是素麵朝天的長相思，還是略施粉黛的白芙美，都是用 100% 長相思釀造，雖然酸度都很高，但都不適合瓶中陳年，因長時間的陳年會令長相思原本新鮮的果味變的乏味不堪。大多數可陳年的熟女版長相思白葡萄酒都為混釀，出產這些優質混釀長相思白葡萄酒的代表產區就在其家鄉波爾多。大部分高品質的波爾多白葡萄酒是賽美蓉（Semillon）與長相思的混釀，以賽美蓉為主。賽美蓉的加入使得長相思酒體更飽滿，更有複雜度，而長相思則用芳香的果味與清爽的酸度完美賽美蓉，二者的結合可謂相得益彰，釀出了久負盛名的蘇玳甜葡萄酒及價格不菲而濃郁複雜的佩薩克 - 雷奧良（Pessac-Leognan）干白葡萄酒。我們所熟知的干白名莊美訊酒莊（Chateau La Mission Haut Brion）、騎士堡（Domaine Chevalier）、使命拉菲（Chateau Smith Haut Lafitte）及獲羅伯特 - 帕克（Robert Parker）滿分好評的克萊蒙教皇堡（Chateau Pape Clement）都是該產區的耀眼明星。

8. 冰雪女王──雷司令（Riesling）

一看到「冰雪女王」的字眼，讓大多數人聯想到的應該是高冷的王后吧。葡萄酒王國裡也有這樣一位高冷的王后，她就是雷司令。說她高，是因為她通常除了酒精度較低，香味濃度、甜度及酸度都極其高的「三高」特點；說她冷，是因為她抗寒能力很強，可以在寒冷的氣候條件下生長成熟，釀出帶有濃郁水果和花香味的高酸度干、半乾、半甜或甜型白葡萄酒。

起源

雷司令是一種有濃郁芳香的白葡萄品種。自 14 世紀開始，已經有記錄顯示她是法國阿爾薩斯精緻的葡萄酒之一。中世紀後期開始，雷司令便被認定是高品質的葡萄品種，至 16 世紀中期，萊茵河（Rhine）沿岸和摩澤爾地區開始廣泛種植雷司令。但直到1998年，奧地利的DNA檢測報告才揭示白高維斯(Gouais Blanc)是她的雙親之一，這說明她與霞多麗和黑皮諾都有血緣關係。此外，司令家族如萊茵司令（Rhine Riesling）、維莎司令（Weisser Riesling）、約翰尼斯貝格司令（Johannisberg Riesling）都是同一個品種。然而，還有許多叫Riesling的品種，如意大利司令（Riesling Italino）和威爾士司令（Welschriesling）與雷司令完全沒有關係，主要種植於歐洲的中部及東部，用於釀造清爽輕酒體的干白或甜白葡萄酒。

風味

雷司令雖與長相思一樣屬香氣濃郁度很高的白葡萄品種，典型的香氣如西柚、檸檬、橙子、菠蘿、桃子及蜂蜜、汽油等。但雷司令葡萄酒通常酒體輕盈、口感爽脆。這位冰雪王后雖有馥郁的水果和花香，卻沒有長相思的草本植物味。在較寒冷或涼爽地區，她剛成熟時採摘後釀造的葡萄酒有濃郁的青蘋果等綠色水果和花香味，有時也帶青檸或檸檬等柑橘類水果味。在較溫和產區，新鮮青檸等柑橘類水果和白桃等核果香氣會更加濃郁。

德國摩澤爾產區最好的雷司令葡萄園沐浴在夕陽中

由於這位王后的「三高」特點，糖分需經時間累積並同時保持良好的酸度，所以在乾燥而陽光充足的秋季，雷司令適宜推遲採收，即為晚收。晚收的雷司令其核果及熱帶水果味道通常更濃郁。此外，由於雷司令果實小，易感染貴腐菌，有助於糖份及酸度的集中濃縮，所以她亦能釀造馥郁甘美的甜酒。作為釀製甜酒的重要品種，雷司令成就了冰酒（Eiswein/Icewine）及貴腐酒（Noble Wine）。相比法國蘇玳的賽美蓉（Semillon）葡萄，她天生的豐富酒石酸（Tartaric Acid）可更好地平衡甜酒中的糖分，令酒的口感甜而不膩。

也是因為三高，尤其是完美的高酸度，雷司令葡萄酒可以在瓶中經年累月地陳年，並可增添蜂蜜或烘烤風味。除此之外，還會發展出一種精妙的汽油或煤油香氣，此香氣來源於一種名為 TDN 的化合物，如酒中的 TDN 含量較高，雷司令酒散發的汽油或煤油味也就更顯著。儘管可在瓶中陳釀，但這位冰雪王后卻還是喜歡銀裝素裹，並不喜歡能為她上煙燻妝的橡木桶，因為橡木桶的味道會影響甚至掩蓋她的水果及花香味。

風土

冰雪王后的另一大特徵──冷，是説她葡萄植株木質堅硬，抗寒能力很強，讓她成為寒冷氣候產區的首選葡萄品種，儘管如此，找到產區內有助於葡萄成熟的有利地形及位置也是必不可少的。在北半球較寒冷的產區，她的採摘期需等到 10 月中或 11 月上旬，或甚至更遲的時間。在較溫和產區她成熟會較早，但釀出的酒卻風味平淡無奇。正是雷司令的品種特性決定了她風味物質的凝聚與酸度的保持需要漫長的成熟期。因此，世界各優質雷司令產區（如德國）都將她種植於寒冷地區。與霞多麗一樣，雷司令也具有很強的風土翻譯能力，每座葡萄園的細微差別都可以從酒中得到呈現，因此許多雷司令產區（德國、阿爾薩斯及奧地利等）酒莊的葡萄酒酒標上都明顯標示著葡萄園的名字。

分佈

作為繼霞多麗之後最出名的白葡萄品種，雷司令是釀造除紅葡萄酒以外各類型起泡酒、清爽高酸葡萄酒及甜酒的優質品種。她在世界上多個國家都有廣泛種植，而要論最優質產區當屬德國、法國阿爾薩斯、奧地利及澳洲。

德國是雷司令的故鄉，雷司令是德國最重要及種植最廣泛的葡萄品種，全球 65% 的雷司令都種植在德國，她已然成為德國種植業的中流砥柱，功不可沒，非其他品種可比。德國雷司令葡萄酒一般分為高級葡萄酒Qualitatswein及按葡萄糖分含量分類的Pradikatswein（詳見德國酒標術語）。Qualitatswein類別的雷司令葡萄酒通常為非常清爽的干型，水果味突出，酒體較輕盈。這類酒中也包括部分德國最好的雷司令葡萄酒。Pradikatswein類別中的葡萄酒根據各自的優質級別Pradikat而風格各異，包括珍藏（Kabinett）、晚收（Spatlese）、精選葡萄酒（Auslese）、逐粒精選葡萄酒（Beerenauslese/BA）、逐粒精選葡萄乾葡萄酒（Trockenbeerenauslese / TBA）及冰酒（Eiswein）。

雷司令，起源於德國，擁有顯著的青檸、黃桃、蜂蠟、茉莉花及汽油味。

德國最具代表性的雷司令產區為摩澤爾（Mosel）及萊茵高（Rheingau）產區。摩澤爾產區的雷司令種植面積超過全國總種植面積的四分之一。這裡出產德國酒體最輕的雷司令葡萄酒，風格多為珍藏（Kabinett）與晚收（Spatlese）的高酸度半甜型葡萄酒。頂級葡萄園都分佈於河道兩旁朝南的陡峭山坡上，加之此產區土壤多含板岩，所以葡萄既免受大風侵襲，得到充足陽光的照射，亦可從土壤中獲得較高的熱量，利於葡萄成熟。產區內頂級酒莊如海格酒莊（Weingut Fritz Haag）、卡托爾酒莊（Weingut Muller-Catoir）等都毫無例外選擇種植雷司令。作為德國第八大產區的萊茵高產區，雷司令種植比例高達78%。此地出產「風格更干中等酒體」的珍藏、晚收及精選雷司令葡萄酒。多數葡萄園也朝南，以獲取更多的陽光照射及萊茵河面的反射光。產區土壤包括白堊土、沙土、礫石及板岩等。由於產區較多霧，有助於貴腐菌形成並侵染雷司令葡萄，因此在好年份裡，萊茵高產區也出產高質量的貴腐酒。產區著

雷司令葡萄及其淡淡稻草色及深黃色的葡萄酒。不同成熟度的雷司令葡萄所釀出白葡萄酒的味道。

名的酒莊包括約翰山酒莊（Schloss Johannisberg）、羅伯特威爾酒莊（Weingut Robert Weil）等。

位於法國東部的阿爾薩斯（Alsace）與德國南部緊緊相鄰，這裡出產全球 10% 的雷司令，而她的種植面積已達阿爾薩斯葡萄種植面積的五分之一以上。西部天然屏障—孚日山脈（Vosges Mountains）為產區遮風擋雨，葡萄園位於山脈東坡，日照多且乾燥，利於晚熟的雷司令緩慢成熟。遍佈阿爾薩斯的花崗岩、砂岩及泥灰岩土壤是雷司令的樂土。由於複雜的風土條件及雷司令優異的表現力，同樣的釀造工藝，雷司令葡萄酒在阿爾薩斯各個地方的表現有顯著的差異。因此這裡出產的雷司令葡萄酒風格為干型中等酒體，帶有綠色水果、柑橘類水果和核果類口味。還有酒體更飽滿更濃郁芳香的晚收葡萄酒。最好的葡萄酒可於瓶中陳釀達幾十年，發展出煙燻和蜂蜜及顯著的汽油風味。

奧地利也出產酒體適中或飽滿的干型雷司令葡萄酒，多數帶有柑橘類水果及核果的芳香，部分有煙燻及礦物味，有助於瓶中陳年而獲得更複雜的風味。

在澳大利亞，最著名的雷司令產區是克萊爾谷（Clare Valley）與伊頓谷（Eden Valley）。克萊爾谷出產的雷司令葡萄酒有明顯的青檸、檸檬等柑橘類水果風味，酒體適中，酸度高，具有極大的陳年潛力。陳年後會發展出烤麵包、蜂蜜或煤油等風味。伊頓谷的雷司令則散發著迷人的菩提花和酸橙香氣，陳年後還會產生金銀花及烤木梨風味。

9. 豐乳肥臀——瓊瑤漿（Gewurztraminer）

如果在葡萄王國裡舉辦一場選美比賽，最佳身材獎應該非瓊瑤漿莫屬，因為瓊瑤漿葡萄酒色澤深濃，香氣濃郁，酒體比其他白葡萄酒都更為豐滿，典型的荔枝香味一如同樣豐乳肥臀的楊貴妃喜愛的嶺南荔枝。「一騎紅塵妃子笑，無人知是荔枝來」，如果當年楊貴妃知道有瓊瑤漿葡萄酒，會不會捨荔枝而愛上瓊瑤漿呢？唐玄宗也不用大費周折，累死數匹馬，日夜兼程，只為呈上貴妃最愛的新鮮嶺南荔枝。

起源

作為塔明娜（Traminer）葡萄的變種，瓊瑤漿與純正的塔明娜有很多相似之處，但塔明娜是淡綠色，香氣較淡，而瓊瑤漿成熟時呈現粉紅色，香氣濃烈，這也許就是為什麼瓊瑤漿的名字比塔明娜多了 Gewurz（意為

「芳香的」）的原因吧。這樣分解連酒商都不易拼寫出的瓊瑤漿外文名字，是否能讓人好記很多呢。

瓊瑤漿的原型塔明娜約在公元1000年左右便出現在意大利的有關文獻記載中。又是奧地利的DNA檢測揭示了皮諾（Pinot）和塔明娜存在親子關係。遺傳雙親皮諾愛基因突變的脾氣，塔明娜在19世紀末終於變異出了粉紅色濃香的瓊瑤漿，而最終得到這個國際流行的官方名字是在1973年的阿爾薩斯。自中世紀起，阿爾薩斯便種植了從近鄰德國南部的法爾茨（Pfalz）引進的純正塔明娜。在法爾茨備受讚譽的塔明娜葡萄酒促進了她在阿爾薩斯的傳播與流行，這與現今瓊瑤漿在阿爾薩斯的優異表現有著不解之緣。

風味

作為現在種植最廣泛的塔明娜變種葡萄，瓊瑤漿成熟時的粉紅色讓她具有極高的辨識度。她釀造的葡萄酒色澤為深濃的金黃色，風味濃郁獨特，酒體豐滿，酒精度高於很多白葡萄酒，結構強勁，但酸度較低，正因為如此，瓊瑤漿在釀造時非但不採用蘋果酸乳酸發酵，反而要防止葡萄酒氧化而保留其本就不高的酸度，也因此，大部分瓊瑤漿葡萄酒需尚在年輕果味新鮮時飲用，瓊瑤漿典型的香氣包括熱帶水果荔枝、菠蘿、花香玫

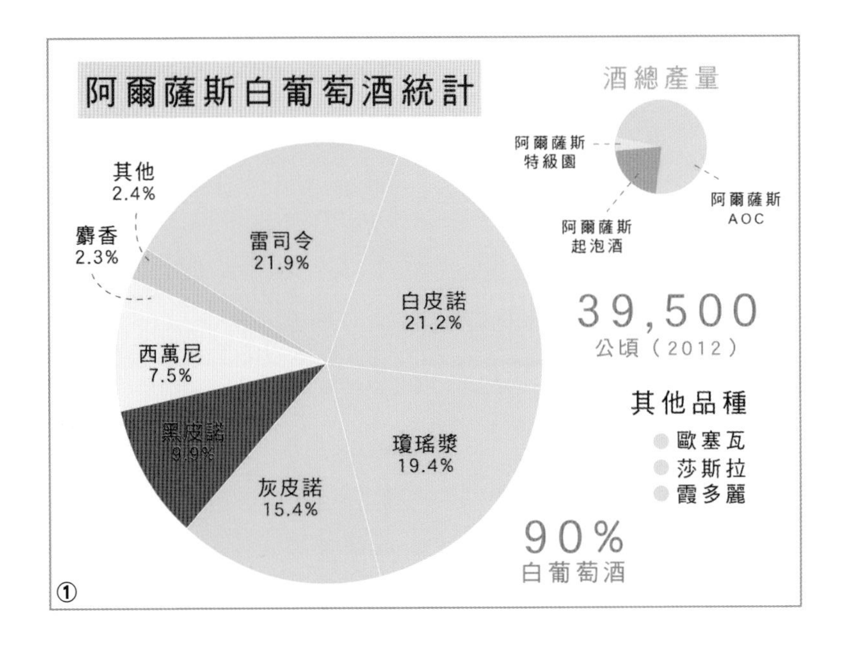

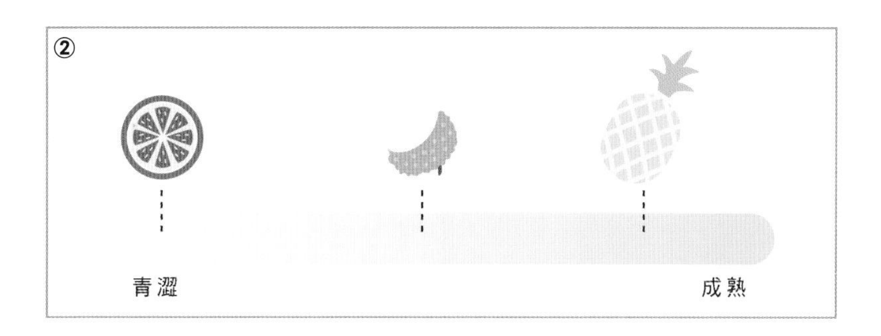

①瓊瑤漿佔阿爾薩斯白葡萄酒產量的19.4%（2012年）

②不同成熟度的瓊瑤漿葡萄所釀出白葡萄酒的味道

③瓊瑤酒世界分佈圖：法國、意大利、摩爾多瓦、美國華盛頓及加利福尼亞。

瑰、橙花及部分陳年後發展出的蜂蜜、丁香和乾果香味等。正所謂物極必反，瓊瑤漿有時過於濃烈的荔枝味和玫瑰花香也會讓人厭倦。在阿爾薩斯這個全球瓊瑤漿的最優質產區，便棄瓊瑤漿葡萄酒的易飲性而注重其品質及複雜性，將瓊瑤漿葡萄酒釀造出極致。

分佈

最優質的瓊瑤漿葡萄酒幾乎全都來自阿爾薩斯，她與雷司令、灰皮諾（Pinot Gris）及麝香（Muscat）被認為是該區最高貴的四種白葡萄品種。阿爾薩斯氣候涼爽而乾燥，讓瓊瑤漿的酸度得以完好保持；燦爛的陽光及富含礦物質的土壤賦予她豐滿緊致的酒體；而釀酒師爐火純青的釀造技藝讓她既保留了恰到好處的荔枝與玫瑰香氣，還增添了幾分培根一樣的鹹肉香，口感清澈飽滿而平衡，回味悠長。在阿爾薩斯最能代表這樣高品質瓊瑤漿葡萄酒的酒莊有 Timbach、Hugel、Cattin 及 Zind-Humbrechet。

雖然豐滿的身形可以傲視眾佳麗，但論國際流行度及暢銷性，瓊瑤漿趕不上霞多麗或雷司令，所以時至今日，她仍然只是在法國東部阿爾薩斯這片土地深耕細作，卻很少在此之外的地區發揚光大。但在新西蘭的吉斯伯恩（Gisborne）和美國的俄勒岡州（Oregon），瓊瑤漿卻是一片欣欣向榮的景象。

尤為值得一提的是有新西蘭釀酒

阿爾薩斯的葡萄園

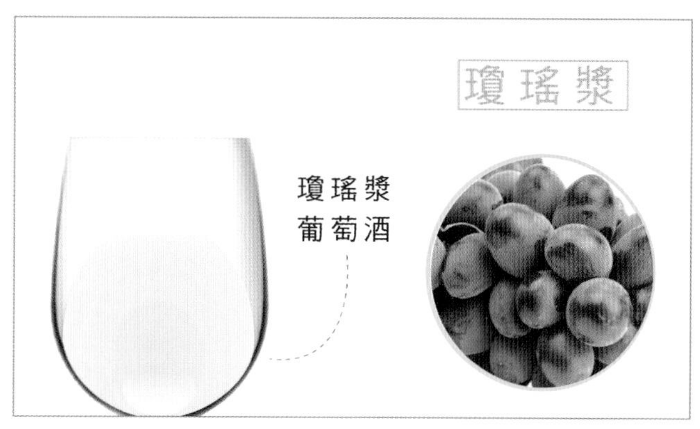

瓊瑤漿葡萄及其葡萄酒的顏色

師鼻祖之稱的 Nick Nobile 極為偏愛瓊瑤漿，而這種偏愛近乎瘋狂。在自己的 Vinoptima Estate 酒莊 10 公頃的葡萄園只種植瓊瑤漿一個品種，也只釀造瓊瑤漿葡萄酒。在舊世界一個酒莊只釀一款酒的現象倒不足為奇，但在新世界酒莊中出現，而且還是一個非主流品種，這就需要很多勇氣與膽識才能做到。好在功夫不負有心人，酒莊頂級酒款 Noble Ormand 獲羅伯特 - 帕克（Robert Parker）給予瓊瑤漿葡萄酒史上最高分—96 分的讚譽，當然價格亦是與法國列級莊中的一級莊看齊。

不管是舊世界還是新世界的瓊瑤漿葡萄酒，大部分都需在年輕時飲用，因她並不適合陳年，就算是頂級品質的陳年潛力也不過十餘年。正所謂花堪折時直須折，年輕的瓊瑤漿足以成為陽光明媚午後下午茶甜點的絕配，品一啖瓊瑤漿，遙想當年華清池旁唐玄宗與楊貴妃的嬉戲：「愛妃，來與朕共飲一杯如何？」……

如果說葡萄酒是瓶中的陽光，那葡萄就是採擷陽光的精靈；如果說葡萄酒是瓶中的風景，那葡萄便是構成美麗風景的山川樹木；如果說葡萄酒是瓶中的尤物，那葡萄便是煉就這尤物的美人胚……世上千萬的女子，便有千萬種美。生於煙雨江南的女子清麗溫婉，一如濃妝淡抹總相宜的西子；長在壯闊中原的女子傾國傾城，一如一笑生百媚六宮粉黛無顏色的楊玉環；養於邊陲塞外的女子剛烈脱俗，一如遠嫁塞外不屈不撓的王昭君。正所謂一方水土養一方人，而對於葡萄則是一種風土培育出一種風味的葡萄。正是這些各有風味的葡萄釀造出了別具風格的葡萄酒。

第六章
中國酒莊

葡萄酒莊的概念起源於法國，現在人們所熟知的很多酒莊都在法國，其次意大利、西班牙、葡萄牙、美國及新西蘭等眾多新舊世界的釀酒國的酒莊也都漸漸為世人所熟知。中國作為新世界釀酒國，起步相對較晚，但隨著國人對葡萄酒認知的提升，葡萄酒消費量日益攀升，催生了中國精品葡萄酒酒莊的萌芽與發展。為了讓更多人瞭解中國的酒莊，本章將重點介紹分佈在中國葡萄酒版圖上的十餘家精品酒莊，他們有的是整個產區的代表，有的業已成為中國葡萄酒的代表。誰說中國釀不出好葡萄酒，也許只是你還不知道而已。

為一個葡萄酒酒莊選址，需要考慮方圓半徑 15 公里內須有風土條件適合的葡萄種植園，土壤、氣候等是為首要條件，如果恰巧周邊有怡人的自然風光，那就為酒莊增添了附加值。此外，酒莊建造的繁簡、風格與佈局亦跟酒莊莊主本人的審美觀念和格局理念息息相關。一間酒莊可以像波爾多著名的白馬酒莊一樣，建築與自然風景完美統一；當然，也可能是一位只醉心於葡萄酒釀造的莊主，如果參觀這樣的酒莊，那很可能是美酒酣暢，美景尚可。

酒莊的建設，前提必是有好的葡萄種植園。在目前的中國葡萄酒版圖上，有以下幾個主要的葡萄酒產區。一是河北懷來、沙城、昌黎到山東半島地區，緯度與波爾多接近，非常適宜釀酒葡萄的生長；二是山東的青島、煙台等地，主要出產優質的雷司令和霞多麗；三是氣候更加炎熱乾旱的甘肅、新疆等，頗具釀造優秀紅葡萄酒的潛力；另外亦有規模較小但得益於某個酒莊成功，從而提升整個地區行業地位的產區，如山西及雲南；最後則是擁有眾多精品酒莊聲名鵲起的寧夏賀蘭山東麓產區。

山東

九頂酒莊

(Chateau9peaks)

始建於2008年九頂莊園位於山東半島青島與煙台之間的萊西產區，是青島大好河山葡萄酒莊旗下的品牌酒莊，由曾任美林銀行歐洲信貸部門總裁、歐洲私募資本管理創始人之一的德國人——卡爾·海因茲.霍普特曼博士（Karl Heinz Hauptmann）於2008年一手創立。這是繼保加利亞貝薩酒莊（ Bessa Valley ）之後，卡爾先生打造的又一個精品葡萄酒莊園。

占地150公頃的九頂莊園位於青島市萊西武備鎮的風水寶地—九頂山上，葡萄園分散在大大小小的丘陵和山地間。素有「青島後花園」美譽的萊西地處青島、煙台、威海三大沿海開放城市之間，氣候冬季溫暖，夏季炎熱，陽光充足，晝夜溫差大，為優良釀酒葡萄的生長提供了絕佳的先天條件。品種以赤霞珠為主，約佔八成，其他品種包括霞多麗、梅鹿輒等。酒莊雖年輕，但葡萄酒出自法國著名釀酒大師 Marc Dworkin 之手，採

九頂莊園 （圖片來源：www.chateau.9peaks.com）

用波爾多地區流行的法式傳統釀酒工藝釀造，酒種多為波爾多風格，以十分驚喜的品質進入公眾視野。

早在 2015 年，作者於香港美心中菜旗下的潮庭中餐廳舉辦的一場 wine paring dinner 邂逅了九頂酒莊的佳釀。2016 年，九頂莊園推出全新的赤霞珠及赤霞珠珍藏 (2013) 和霞多麗 (2015) 三款高品質佳釀。由生長期超長且成熟度完美的百分百赤霞珠釀製而成的赤霞珠紅 (2013) 和赤霞珠珍藏 (2013) 葡萄酒，果香濃郁，酒體豐滿，單寧酸度十分成熟，能讓人充分感受到成熟漿果的美妙口感。而九頂莊園霞多麗 (2015) 亦十分有趣。四處霞多麗種植區分佈在葡萄園三處有著不同「風土」環境的種植地，因此，產出的霞多麗也是口感、香味迥異。尤其是在梯田上種植間距更窄的霞多麗，口味亦大不同。將採摘的不同風格霞多麗放在一起釀酒，最終產出的這款霞多麗葡萄酒有著成熟的黃色漿果香氣，果味濃郁、口感新鮮。

九頂莊園在 RVF 中國優秀葡萄酒 2013 年度大獎賽中被評為「年度黑馬酒莊」，相信這匹「黑馬」將為大家呈現更多高品質佳釀。

（圖片來源：www.chateau.9peaks.com）

①②九頂莊園赤霞珠干紅葡萄酒

③九頂莊園霞多麗干白葡萄酒

④潮庭中餐廳與怡園酒莊、九頂酒莊及留世酒莊舉辦 Wine Paring Dinner 酒款。

新疆

天塞酒莊

(Tiansai Winery)

天塞酒莊位於新疆天山北麓的焉耆盆地，霍拉山下分佈著 10 萬畝的葡萄基地，形似展翅的「天鵝」，坐落在四面鬱鬱蔥蔥、綠意盎然的葡萄園中，遠看像一顆鑲嵌在滿眼綠色中的璀璨明珠，別有一番詩情畫意。滿眼碧綠的葡萄園中，種植著赤霞珠、美樂、西拉等眾多國際知名葡萄品種，嚴格的釀造及限產讓天塞葡萄酒的品質完全可以和國外優質產區相媲美。酒莊的名字，顧名思義：天山腳下，塞外莊園，契合地域風格。

新疆天山北麓獨具天賜的生態環境和地理優勢：450-1000 米的高海拔，陽光中富含大量紫外線，促生豐富的花青素等酚類物質。萬年冰川雪水灌溉，弱鹼性礫石沙土，排水通透並提供必需的礦質元素等等，這些都為葡萄酒種植及釀造提供了優越的自然條件。2012 年釀酒至今，新疆天塞酒莊包攬了國內外 149 項大獎，從 2014 年英國倫敦品醇客大賽銅獎到 2015 年布魯塞爾國際葡萄酒大賽金獎，再到 2017 年世界霞多麗大賽銀獎，天塞精品酒聲名鵲起。先後被專業葡萄酒雜誌《RVF 葡萄酒評論》評選為「中國年度最佳酒莊」、「年度最佳葡萄園」、「最具市場影響力酒莊」。

天塞酒莊　　（圖片來源：www.tsjz.com）

酒莊代表酒款天塞經典赤霞珠紅葡萄酒（2014）（Skyline of Gobi Cabernet Sauvignon Classic）由100%天山南麓焉耆盆地出產的赤霞珠（Cabernet Sauvignon）葡萄釀製而成。呈寶石紅色，非常好地呈現了赤霞珠釀酒葡萄品種的特點，帶有黑色水果和乾枯落葉的氣息。單寧細膩，結構平衡，口感協調，此酒亦曾摘得2015英國品醇客DWWA銅獎。另一款代表酒則是天塞珍藏霞多麗干白葡萄酒（2016）（Skyline of Gobi Chardonnay Reserve）

（圖片來源：www.tsjz.com）

①天塞酒莊莊主陳立忠女士
②天塞酒莊
③天塞酒莊葡萄園
④⑤天塞酒莊代表酒款
⑥天塞珍藏霞多麗干白葡萄酒
⑦天塞珍藏赤霞珠干紅葡萄酒

該款酒採用100%天山南麓焉耆盆地出產的霞多麗（Chardonnay）釀造而成，呈純正的稻草黃色，清澈透亮；香氣豐富，具有精緻成熟的核果類香氣如白桃和油桃，與來自於優質

（圖片來源：www.tsjz.com）

法國橡木桶的奶油堅果味層層遞進；結構緊實複雜，口感協調，果味與橡木完美融合，回味較長。此酒獲得包括 2015 英國倫敦品醇客世界葡萄酒大賽銀獎、2016 比利時布魯塞爾世界葡萄酒大賽銀獎等在內的多項大獎及世界頂級評酒師羅伯特·帕克（Robert Parker Jr）主編《葡萄酒倡導家》給予 91 分高分的認可，值得品鑒一番。

不難看出天塞酒莊定位也是做精品酒莊酒，除此之外，他亦是一座集葡萄種植、葡萄酒釀造、葡萄酒文化推廣於一體的綜合體驗式酒莊。通過充分發揮終端市場的地推作用，酒莊不僅是葡萄酒生產研發和銷售基地，亦開設有航空俱樂部、馬術俱樂部、以及攝影俱樂部，吸引不同愛好人群，更可在此舉辦專家學術交流會、音樂會、葡萄酒品鑒會、新書發佈會等等。如此成熟的體驗式酒莊運營，也是酒莊相較國內其他酒莊別具特色的地方。當然，這些舉措都是為了讓更多的人來到酒莊，滿懷喜悅的看到葡萄酒、品嚐葡萄酒、瞭解葡萄酒、熱愛葡萄酒。在滿足消費者旅遊觀光、參加活動的同時，也可體驗現場零售，形成名副其實的以推廣葡萄酒文化為主要內容的綜合體驗式酒莊。每年來酒莊觀光旅遊的葡萄酒愛好者和遊客數以萬計。

（圖片來源：www.tsjz.com）

（圖片來源：www.tsjz.com）

山西

怡園酒莊
（Grace Vineyard）

山西怡園酒莊是由下過南洋、當過知青的香港企業家陳進強先生創建。1997年，陳先生抱著「既然要給山西引進美好的東西，就要做像歐洲那樣的葡萄酒莊，而且要做中國最好的葡萄酒，就算眼前行不通，我相信將來山西會美好，中國人會欣賞美好的葡萄酒」這樣的理想，投資、創辦了山西怡園酒莊。2002年年僅24歲的現任莊主陳芳離開知名投行，從父親手中接管酒莊。

（圖片來源：www.tsjz.com）

酒莊座落於山西晉中地區一塊

（圖片來源：www.tsjz.com）

十分適宜葡萄生長的沙質土壤之上，由於此地為典型的大陸性氣候，冬冷夏熱，降水集中，四季分明，乾旱、雨水少，日照強烈，晝夜溫差大，很適合釀酒葡萄的種植。得天獨厚的風土條件使葡萄園出產霞多麗、白詩南、梅洛及赤霞珠等多種優質的釀酒葡萄，並採用傳統法國波爾多釀酒方法，釀造出了怡園莊主珍藏干紅等單寧柔和細膩，口感圓潤複雜的高品質葡萄酒。雖然酒莊初始時期走得非常艱難，因為怡園執拗地要走中國精品葡萄酒莊這條道路。如今在新一代掌舵人陳芳女士的管理下，怡園酒莊已經成為中國最受肯定的葡萄酒酒莊之一。2012 年，她被《The Drinks Business》評為「2012 年度亞洲葡萄酒界風雲人物」，正是由於她的成功，使得世界注意到了中國精品葡萄酒的潛力。怡園酒莊亦獲得了國際葡萄酒界的廣泛好評，其中包括著名的酒評家簡西斯．羅賓遜（Jancis Robinson）、詹姆斯．哈萊迪（James Halliday）等國際權威人士及《葡萄酒觀察家》等專業雜誌。

包括旗艦酒款深藍系列和頂級酒款莊主系列在內，有著 200 多公頃葡萄園的怡園酒莊每一年都會生產釀造出近 200 多萬瓶酒，銷往中國各大星級酒店和高端餐飲門店。2017

（圖片來源：www.tsjz.com）

①中國精品酒莊
②③怡園酒莊掠影
④作者與怡園酒莊莊主陳芳 Judy Chan
⑤陳芳與父親陳進強先生
⑥怡園酒莊莊主陳芳

年 9 月，怡園酒莊的兩款佳釀莊主珍藏干紅（2012）及珍藏霞多麗干白（2015）入駐英國倫敦久負盛名的頂級奢侈品百貨公司——哈洛德（Harrods）百貨，這是繼怡園進駐英國塞爾福裡奇（Selfridges）奢侈品百貨之後，怡園酒款在英國的又一次精采亮相。

莊主珍藏是怡園酒莊的頂級酒款。創始人陳進強先生在酒標裡印上自己的簽名，這足以印證他願意用姓名和聲譽來保證酒的品質。該系列的葡萄酒採用波爾多混釀，以赤霞珠、梅洛和品麗珠作為原料，在首席釀酒顧問劉致新先生指導下釀製而成。珍藏霞多麗是怡園珍藏系列中的一款，採用單一葡萄品種霞多麗釀造。陳進強先生用其外孫女的英文名 Tasya 來命名此系列，足見老莊主對此系列葡萄酒在釀造工藝上的追求和期盼。深藍系列則取名於財經類暢銷書《藍海戰略》，寓意著怡園挑戰、創新之精神，首次釀造年份是 2004 年。自從 2007 年上市以來，深藍以質量和獨特的個性得到了市場的認可和消費者的喜愛。2008 年深藍成為國泰航空 60 年來，第一款也是唯一一款登上頭等艙和商務艙的中國葡萄酒。此外，也許是因為有一位熱愛運動與美食的莊主，怡園還在中國多個城市開設餐廳，將餐與飲，美食與美酒結合，打造怡園酒莊獨特的葡萄酒銷售渠道與經營理念。

（圖片來源：www.grace-vineyard.com）

酒莊十幾年來的發展成績斐然，然而陳莊主亦計劃著要在中國國內一些新的產區建立酒莊，釀造出不同品牌風格的酒。因此，怡園在寧夏已經針對土壤、氣候這些因素贊助研究多年，深知葡萄酒的核心還是種植葡萄，所以在寧夏耕耘多年後，於 2017 年才開始建設釀酒廠。2018 年 6 月 27 日，怡園酒業（08146.HK）正式在香港聯合交易所敲鐘上市。這也是酒莊的一個里程碑。陳莊主表示興建寧夏釀酒廠二期及工廠和設備的購置是怡園酒莊選擇上市募集社會資金的原因之一。

山西怡園酒莊是陳先生和陳莊主兩代人的心血，承載著其家族一百年

來奮鬥的夢想。陳先生甚至會在酒上蓋上自己的印章，用整個家族的名譽來保證它的品質。而陳莊主把怡園酒莊當做自己的第三個女兒，呵護和關愛著她。怡園酒莊是陳氏家族——這個百年來一直在海外漂泊和闖蕩的華僑家族的榮譽和驕傲，是家族在中國紮下根來創建的第一個企業品牌。經過20年的探索與努力，怡園酒莊已經成為中國精品酒莊的標竿，同時酒莊的葡萄酒亦開始走出國門，出口到英國、荷蘭、日本、新加坡、蒙古國等國家，讓世界其他國家的愛酒人士能品嚐到來自中國的優質葡萄酒。

①怡園酒莊莊主陳芳

②怡園酒莊莊主陳芳獲頒發2012亞洲葡萄酒年度人物大獎

③怡園酒莊德寧起泡酒

④怡園酒莊深藍干紅葡萄酒

雲南

香格里拉酒莊——敖雲

（Aoyun）

2017 年 6 月 10 日，在香港的一場紅酒拍賣會上，一款中國葡萄酒赫然在列，它就是來自香格里拉酒莊的敖雲。實際上，敖雲葡萄酒是位於西藏香格里拉開發區的香格里拉酒莊與國際奢侈品第一巨頭 LVMH（路易威登母公司）合資的酒莊，共同發佈的葡萄酒，現今已是國際市場上中國精品葡萄酒的代表之一，也是蜚聲國際的中國葡萄酒第一高價酒（單瓶 300 美金左右）。葡萄酒酒標設計中國風十足，優雅大氣。祥雲的圖案與酒名「敖雲」完美呼應，寓意為：遨遊雲際——漂浮於香格里拉這片神奇土地上的祥雲，盡情遨遊香格里拉曠達的天空，是對香格里拉這一傳奇誕生地的期望和象徵美好幸福烏托邦的讚頌。

敖雲的葡萄園是酩悅軒尼詩香格里拉酒莊的葡萄園中精選出的一小部分，位於喜馬拉雅山腳，毗鄰傳奇的香格里拉市。清澈的空氣中，成片的葡萄田將山坡染成紅色，頭頂的藍天

（圖片來源：www.lvmh.cn）

觸手可及——這便是坐落在喜馬拉雅山脈山腳下的中國雲南省德欽縣阿東村。該地屬低緯度高海拔（海拔範圍兩三千米），處於「三江併流」的核心地帶，金沙江、瀾滄江和怒江在不同歲月帶來不同的沉積質，形成極為複雜的地形地貌土壤構成，豐富的小氣候，180-200 天的極長生長季，較少病蟲害，全年日照達 2500 小時以上，果皮轉色期前降雨量 200-600 毫米，無需埋土……所有特質，造就了這片獨一無二且極富多樣性的產區。酒莊通過在從未開發過的地帶建立葡萄酒莊園，並對釀酒工藝精益求精，由此打造出無與倫比的佳釀。

由於道路尚未完全開通，這裡稱得上是遠離塵世的山間秘境，當地居民之前就在湄公河經年累月沖刷出來的山坡上栽種葡萄。酩悅軒尼詩經過反覆調查選擇此地，最主要原因還是在於其得天獨厚的自然環境，寒冷的氣候類似於出產知名葡萄酒的法國波爾多。由於雨量較少、晝夜溫差大、日照時間短，葡萄成熟緩慢，因此這裡成熟的葡萄果皮更厚，形成了更多的單寧和更深的顏色。「這個地方具有無限的可能性」，2013 年在酒莊成立時就移居至此的負責人是釀酒師馬克桑斯· 杜魯。這位頗具研究院氣質的釀酒師曾在波爾多大學學習釀造學，

（圖片來源：www.lvmh.cn）

（圖片來源：www.lvmh.cn）

①村民與葡萄園

②香格里拉

③海拔 2600 米的阿東村是海拔高度最高的敖雲葡萄園 ©J.Penninck

在智利和南非等葡萄酒的新天地長期工作。

以上可以讓人真正理解，精品葡萄酒超級巨頭 LVMH 為什麼會紮根於如此艱苦又極富潛力的神奇產區，而專職負責葡萄園管理的團隊和釀造團隊，已經安心在這個艱苦產區積累了數年到十多年，實屬難能可貴。

當然，好的酒莊最終還是要看酒莊作品的實力。第一批敖雲年份酒採用從 314 個地塊、總共近 30 公頃（75 英畝）的葡萄園生產的赤霞珠和品麗珠葡萄混釀而成。這款 2013 年份酒具有清新、優雅、高平衡度和細緻柔和的單寧等標誌性特徵，展現出喜馬拉雅風土產出的這款葡萄酒的獨特風味。也成為這個品牌的首批經典酒款。從此，世界名莊酩悅· 軒尼詩家族：白馬（Chateau Cheval Blanc）、滴金（Chateau dYquem）、庫克（Krug）、唐培裡儂（Dom P rignon）等大牌頂級精品酒莊多了一位來自中國的成員：敖雲（AoYun）。雖然問世不久，但價格卻躍居幾家大酒莊之上，300 美元的出廠售價絕對沒有辜負其奢侈定位。於法國、美國、香港上市，「一瓶難求」。英國葡萄酒大師傑西斯 · 羅賓遜曾表示敖雲的唯一性是不可否定的。

（圖片來源：www.lvmh.cn）

（圖片來源：www.lvmh.cn）

①敖雲干紅葡萄酒
②酒莊主管馬克桑斯 · 杜（Maxence Dulou）

寧夏

寧夏賀蘭山東麓產區可謂是中國當今最優質的葡萄酒產區，並獲得了廣泛的關注。但是早在2011年賀蘭晴雪酒莊欲攜加貝蘭參加Decanter世界葡萄酒大賽（DWWA）報名時，Decanter官網的報名選項中並沒有「寧夏」這一產區選項，以至於「賀蘭山」葡萄酒報名只能選擇「新疆」產區，好在加貝蘭報名時在備註欄中專門作出說明，所以後來發佈結果時，世人才知道中國原來有一個「寧夏」葡萄酒產區。

作為新世界葡萄酒釀酒國，中國的起步相對較晚，但寧夏賀蘭山東麓產區是讓人充滿驚喜的葡萄酒故鄉。從全球葡萄酒釀酒國發展歷程著眼，每一個聲名顯赫產區的崛起都離不開天時地利人和。從法國波爾多到美國納帕谷，從意大利托斯卡納到南非康士坦提亞，無不受山脈、河流、海洋、氣候、土壤及適宜品種的影響，寧夏賀蘭山東麓產區的聲名鵲起亦得益於其得天獨厚的自然條件。產區位於世界葡萄種植的「黃金地帶」，背靠賀蘭山這道天然屏障，沖積扇土壤為主的寧夏平原地勢平坦，土壤通透性良好，年降雨量少於200毫米，陽光充足，晝夜溫差大，利於葡萄風味及糖分累積。這些都是打造世界級好產區的自然優勢，同時亦令賀蘭山東麓產區成為世界上少有的冷涼釀酒葡萄最佳生態區之一。

賀蘭山產區夕陽西下時美不勝收的向日葵田

酩悅軒尼詩夏桐酒莊

（Chandon）

①

始於2013年總面積達6300平方米的夏桐酒莊隸屬酩悅軒尼詩旗下，因位於寧夏，所以酒莊名字音譯為「夏桐」，而非如在澳大利亞、阿根廷、美國及印度所設同樣酒莊所稱的「香桐」。在酒莊總經理、產區內首屈一指的葡萄園種植管理專家蘇龍先生的管理下，已躍升為中國高品質起泡酒生產基地。酒莊以釀造香檳的傳

②

①夏桐酒莊總經理蘇龍先生
②夏桐酒莊掠影
③作者於酒莊酒窖
④夏桐酒莊干型起泡酒
⑤傳統方式發酵中的起泡酒
⑥酩悅軒尼詩旗下香桐酒莊全球分佈
⑦酒莊發酵車間

統方法釀製起泡酒，原料主要葡萄品種為霞多麗和黑皮諾，出產酒款為兩種：干型起泡酒（Brut）及桃紅起泡酒（Brut Rose）。

夏桐這座現代化酒莊由全球知名建築設計事務所MAP操刀設計，建成後設有發酵酒窖、專業品酒室及訪客中心。酒莊外部一灰一黃兩面牆體令人印象深刻。佈滿水泥樁的灰色外牆靈感來自葡萄採收後籐條埋土而只剩下水泥樁及波浪型田壟的葡萄園；黃色牆壁則象徵孕育葡萄園的黃土地，甚是有新意及意義的設計。與外部不同，酒莊內部則是溫馨現代的低調奢華風，精巧舒適而大氣內斂，在這樣的氛圍中品嚐夏桐起泡酒是一種身心愉悅的享受。夏桐的起泡酒散發純淨的柑橘檸檬氣息、綿柔豐富的氣泡和清爽的餘味絲毫不覺寧夏的烙印，反而與酩悅香檳的滋味頗為相似，回味無窮。

①

①酒莊外部獨特醒目的水泥樁設計

②夏桐酒莊內部裝飾

③酒莊的黃土牆

④夏桐起泡酒

西夏王玉泉國際酒莊

（Chateau Yuquan）

這家目前西北最大的中式酒莊隸屬於寧夏農墾集團，不僅生產葡萄酒，亦囊括商務接待、觀光旅遊和休閒度假等功能。酒莊建築風格巧妙地將宋朝建築文化風格和當地西夏文化融為一體，可謂是國內最具西夏神韻的中式酒莊。玉泉營葡萄產地地處寧夏最佳釀酒葡萄生態帶的核心區域，是繼山東煙台蓬萊、河北昌黎之後，中國第三個國家地理標誌產品保護區域。

西夏王在經國家外交部8年的跟蹤考察後，於2013年被授予中國外交部使節酒唯一生產基地。這令西夏王除獲法國名酒博覽會金獎、國際葡萄酒烈酒大賽金獎、黑馬酒莊等殊榮外，亦成為繼茅台、五糧液之後獲

①英國葡萄酒大師傑西羅賓遜存在酒莊的酒

②酒莊代表酒款──獲2012年布魯塞爾金獎的源泉酒莊赤霞珠干紅葡萄酒

③西夏王外交使節酒

④酒莊留影

⑤玉泉酒莊品鑒大廳

⑤

「外交使節酒」殊榮的第三酒類品牌。作者於2015年在香港寧夏商會的一次晚宴上品嚐過外交使節酒系列的赤霞珠干紅，色澤呈寶石紅色，濃郁櫻桃、黑醋慄香氣伴有些許胡椒氣息，酒體豐滿，圓滑細膩，略帶回甘的餘味悠久綿長。同時寓意「龍鳳呈祥」的干紅及干白酒標極具辨識度。

此外，西夏王的葡萄酒代表酒款還有：西夏王「霞多麗」干白、西夏王「沙漠豪情」橡木桶干紅、西夏王「四星名府」干紅和西夏王「玉泉莊園」冰白葡萄酒。相信西夏王玉泉國際酒莊繼續承載中國風格葡萄酒精髓，走入更多國際視野，讓世界品鑒中國。

①

留世酒莊

（Legacy Peak Estate）

寧夏留世酒莊成立於 1997 年，坐落於寧夏著名的風景名勝——西夏王陵內，可謂是寧夏風景最好的葡萄園，亦可想而知西夏武士的鮮血浸染過的葡萄園吸收了多少天地精華。酒莊出產的葡萄酒來自自家葡萄園種植的赤霞珠與梅洛等品種，結構複雜，風格優雅，是中國頗潛力的賀蘭山東麓產區酒中的翹楚。

②

①留世酒莊
②留世酒莊掠影
③留世酒莊接待廳
④品鑒留世佳釀
⑤品鑒留世霞多麗

「留世」之名來自莊主劉海姓氏－劉氏之諧音，又取其流芳百世之意，一語雙關。酒標上留世後面的數字「1264」則是酒莊距北京的距離。酒莊於 1997 年因開荒治理沙漠而專注種植釀酒葡萄並用於出售，直至 2000 年酒莊開始釀造自己的葡萄酒。留世葡萄園是中國極少數擁有超過 16 年樹齡葡萄藤的莊園之一。當年為開荒種下的 300 畝赤霞珠、梅洛葡萄樹樹齡已達 19 年，成為產區內少有的「老藤」，而用這些「老藤」葡萄釀造出來的留世葡萄酒在國內及國際上屢獲大獎，令留世在國內甚至國際上聲名大振。

酒莊代表酒款為霞多麗干白及「傳奇干紅葡萄酒」。霞多麗散發濃郁柑橘、白花、桃杏等香氣，酸度及酒精度等結構均衡，酒體飽滿，表現出色。斬獲 2015 年 Decanter 世界葡萄酒大賽銀獎的酒莊二號酒「傳奇干紅」由 100% 赤霞珠釀造，擁有成熟的黑醋慄、李子、甘草香氣，亦伴有精緻的香草、烤杏仁和橡木氣息，酒體飽滿，複雜有深度，單寧豐富細緻，陳年潛力亦較長，品質十分出眾。由於留世酒莊出產葡萄酒的品質極為上乘，酒莊亦被認為是產區內最為優質的酒莊之一，期待酒莊呈現更多更好的佳釀。

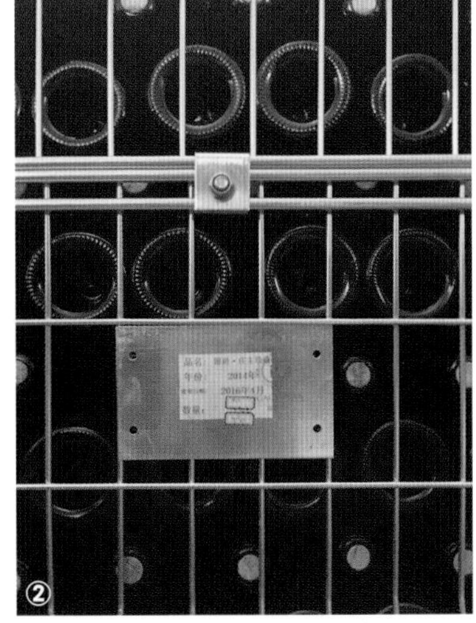

①留世酒莊所獲部分獎項

②酒窖裡正在熟化的留世莊主珍藏

③酒莊掠影

賀蘭晴雪酒莊

（Helan Qingxue Vineyard）

賀蘭晴雪是與黃沙古渡、官橋柳色等齊名的寧夏八景之一。六月暑日，在景區西邊溝盡頭的青羊溜山巔上，藍天晴空，白雪蓋頂，這就是古寧夏八景之首的「賀蘭晴雪」。自古詩人用「滿眼但知銀世界，舉頭都是玉江山」來讚美「賀蘭晴雪」勝景。以這一美景命名的賀蘭晴雪酒莊也是大有來頭。之所以說它大有來頭，皆因正是賀蘭晴雪酒莊讓葡萄酒世界從此發現了中國寧夏產區。酒莊莊主王奉玉先生亦是整個賀蘭山東麓產區備受尊敬的泰斗級人物。身為前寧夏農林科技廳的農林土壤專家，早已對賀蘭山東麓腳下這片土地有充分的研究，深知這裡適宜種植優質的釀酒葡萄，尤其是白葡萄。花甲之年創業的王生參與主導了賀蘭晴雪酒莊及其女兒迦南美地酒莊的創辦，並在寧夏為葡萄酒紮根奮鬥 30 年，如今成績斐然。

自 2005 年開始，酒莊出產的加貝蘭干紅葡萄酒分別於國內及國際葡萄酒大賽中斬獲金獎，酒莊加貝蘭 2009 酒款更於 2011 年榮獲

《Decanter》世界葡萄酒大賽國際大獎，這是中國葡萄酒首次在該賽事上獲得的最高榮譽，從此世人認識了寧夏產區。酒莊亦於 2013 年選入寧夏首批列級莊。酒莊代表酒款為加貝蘭赤霞珠及霞多麗干白。經法國橡木桶熟化陳釀的酒液，果香馥郁伴有精緻橡木味，酒體飽滿均衡，餘味持久。能釀出這樣的美酒，除了工藝時間金錢，還須有不畏艱辛的情懷，一如王生名言：「花甲人未老，追夢賀蘭山；創業不言難，情系加貝蘭。」

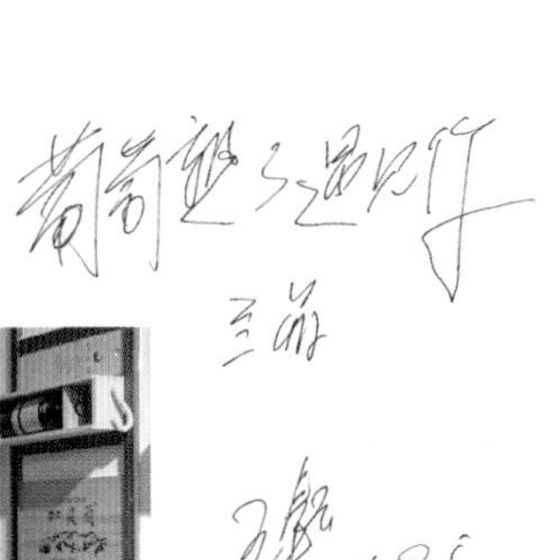

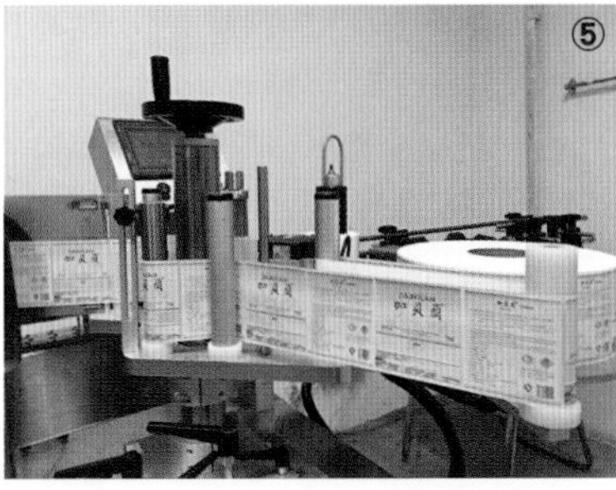

①王奉玉先生題字贈書
②賀蘭酒莊莊主王奉玉先生
③酒窖掠影
④讓世界認識寧夏的加貝蘭葡萄酒 2009
⑤賀蘭晴雪酒莊生產車間
⑥酒莊的加貝蘭干紅與霞多麗白葡萄酒
⑦酒窖

①

迦南美地酒莊

（Kannan Winery）

讀過聖經的人也許知道：迦南美地是上帝許諾猶太人的希望之地，是流著奶和蜜的富饒之地，也是充滿希望和果實的地方。迦南美地酒莊莊主德籍華人王方，出生自幾十年釀酒的家庭，選擇回到故土釀造葡萄酒，用她自己的話說就是，回到應許之地，做命中注定之事。早在2010年，王莊主決定告別德國定居十年的安逸生活，回到家鄉寧夏像父親一樣創辦及經營一間酒莊。在父親與當地政府的幫助下，她與閨密在同一塊土地上各自創辦了一間酒莊，她的那間就是今天的迦南美地酒莊。因為釀酒敢於創

②

新打破陳規，她本人也以「Crazy Fang 魔方」的花名蜚聲中國葡萄酒業。

王莊主知道，白葡萄酒是賀蘭山東麓產區一個很大的優勢，賀蘭山東麓很多的白葡萄酒與世界其他產區的白葡萄酒相比都不遜色。這不爭的事實也從身為農林土壤專家的莊主父親處得到了證實（王方女士的父親是王奉玉先生，前寧夏科技廳農林土壤專家，亦是賀蘭晴雪酒莊創始人之一）。經過多年研究發現，賀蘭山東麓的土壤極為適合種植白葡萄。但種植白葡萄是因為莊主個人喜歡。也許是因曾久居德國酷愛雷司令的王莊主，想要在這片土地上找到雷司令的「迦南地」。這在幾乎沒有雷司令的寧夏產區是個創新，因為絕大部分酒莊所種植的葡萄都為赤霞珠、梅洛、霞多麗、西拉、黑皮諾等法國葡萄品種。

迦南美地酒莊釀造 2013 年份的雷司令（Riesling）時葡萄藤只有 4 年的樹齡，非常年輕，但卻能釀出香氣非常出色的酒；酒莊同樣用 4 年樹齡的雷司令（Riesling）葡萄釀造了 2014 年份的「馥司令（Aroma / Semi-Sweet）」系列半甜白葡萄酒。品嚐其 2014 年雷司令，散發非常乾淨的果香，略帶礦物味，入口油滑，酸度活躍，是會讓人想起便垂涎欲滴的酒。這也是王莊主鍾情於雷司令的原因所在，「每當想喝酒，雷司令的乾淨酸爽都會讓我饞的流口水，這就是我想釀造的酒。」

迦南美地酒莊出產的葡萄酒出

①迦南美地酒莊
②迦南美地酒莊壁畫
③酒標上醒目的馬駒
④迦南美地酒莊代表酒款之雷司令干白葡萄酒

酒莊葡萄園

色、複雜並且非常深度。酒莊在重大的國內外比賽中屢屢斬獲獎項，其酒標上「馬」的形象格外醒目，很多紅葡萄酒的名字都與馬有關：小野馬、小馬駒、黑駿馬等。駿馬不僅是賀蘭山的本意（賀蘭山在蒙古語裡是駿馬的意思），賀蘭山綿延不絕的山峰就像一群駿馬馳騁在天際，同時馬亦是王莊主的鍾情之物。在酒莊及她的家裡亦有很多關於馬的擺設及裝飾品。小野馬給人感覺是「野的」，不受拘束，而酒莊的小野馬酒款奔放而豐富，不需要太久地醒酒。因為莊主本人很不喜歡醒酒，反而比較青睞易飲、香氣愉悅的酒款，這就是「小野馬」的釀酒初衷。至於更為嚴肅的兩款酒「小馬駒」和「黑駿馬」的得名也很簡單，小馬駒長大了便成黑駿馬了。酒莊的一款名叫「小馬駒」的干紅葡萄酒於 2015 年在頗具權威性的品醇客亞洲葡萄酒大賽（Decanter Asia Wine Awards, DAWA）獲得冠軍獎，終於沒有辜負王莊主的一片苦心，也實現了王莊主策馬揚鞭的夙願。

藍賽酒莊

（Chateau Lansai）

「上古，四極廢，九天裂，天地周而覆虧，古神女媧以五色石補天缺。此地古為太海，賀蘭山群峰乃太海諸島。聖媧煉石採水於此，工善而水盡，余海泥肥沃適於耕植。媧離時留裙帶化為賀蘭山神，鎮守於此：藍穹滄海始為干，塞上耘來闢畝田，守西山，不東歸。故名，藍賽酒莊。」

成立於2014年的藍賽酒莊在賀蘭山東麓產區酒莊中，建築風格別具一格。青磚灰瓦仿古建築，氣派清雅，將賀蘭山石材文化和中國傳統的建築風格相融合，並將磚雕和瓷雕藝術運用其中，使酒莊獨具古典藝術氣

①作者與莊主曾小俊女士合影
②酒莊掠影

息。一步入酒莊大門，便被酒莊純中式典雅厚重而大氣恢弘的建築風格所吸引。酒莊建築將灰瓦白牆的徽派建築風格運用到了極致。無論是精雕細琢的院牆屏風與石雕，還是耗費巨資的名貴木材傢俬與擺設，都盡顯莊主夫婦的品位。曾女士介紹莊園裡的一磚一瓦一花一木，亭台樓閣小橋流水，都出自其學建築設計的丈夫之手，而曾女士愛酒懂酒，專注於打理酒莊事務。夫婦二人各有所長、各司其職，將釀酒時尚與中國傳統完美結合。他們對葡萄酒及中國傳統文化的熱愛與堅持令人讚嘆。

酒莊葡萄園為礫石砂質土壤，具有良好的透氣性，富含釀酒葡萄所

①酒莊裝飾細節

②酒莊品鑒室及寧夏地圖的天花板

③酒莊賀蘭石浮雕

④酒莊發酵車間

⑤⑥酒莊酒窖

③

④

⑤

⑥

需的各類礦物質元素。該地區日較差和年較差比較大，適合葡萄糖分和風味物質的積累。酒莊現有葡萄種植面積 205 畝，葡萄品種有赤霞珠、黑比諾、西拉、蛇龍珠等多個品種。酒莊代表酒款為墨研赤霞珠干紅及雷司令干白。干白散發白花香，熱帶水果氣息濃郁，酸度爽脆，酒精度適中，酒體較飽滿，相較世界其他產區的出品，更具寧夏本地特色。酒莊的每一處細節都令人折服，顛覆了眾人對酒莊的傳統印象。相信賀蘭山下，塞外之邊，這座中國風酒莊終將令西半球的人們心馳神往。

①酒莊代表酒款
墨研等系列
②酒莊內的擺件
——根雕
③根雕擺件
④裝飾細節
⑤酒莊樓宇
⑥酒莊葡萄園
⑦石雕
⑧⑨酒莊掠影

名麓酒莊
（Domaine MonLuxe）

在彷彿伸手便能觸碰到賀蘭山的產區腹地，一幢被躍動音符裝點的白色建築映入眼簾，於線條強勁有力的賀蘭山映襯下這座酒莊更顯清新，這就是創辦於 2012 年的名麓酒莊。葡萄園選址位於賀蘭山核心地帶的一塊從未開發過的處女地，此地擁有良好的礫石、石灰石及粘土土壤，共計 132 畝優質釀酒葡萄赤霞珠、梅洛和霞多麗便在園中孕育生長。莊主夫婦王戈琪先生與劉靖女士一直相信：好酒出自葡萄園，好酒是種出來的，因此，對於葡萄種植，名麓相當重視。葡萄樹間的株距、行距，施肥、植株掛果率都有嚴格的要求，甚至可以細緻到清晨面朝東方的葉片需少量摘除，而西方的則需適當遮擋，對葡萄樹的呵護可謂無微不至。

對於釀酒，名麓重金配備最先進的釀酒設備，亦請來曾師從中國葡萄酒泰斗—郭其昌且是產區內首屈一指的優秀」獨立釀酒師」周淑珍女士擔綱釀酒，如此精心照料的葡萄園及高規格的配套釀出的葡萄酒果真沒有令人失望。酒莊以生產赤霞珠干紅葡萄酒為主，霞多麗是酒莊干白葡萄酒系列代表。名麓酒莊赤霞珠紅葡萄酒（2014）散發迷人的黑色漿果及法國橡木桶陳釀帶來的精緻煙燻、橡木氣息，單寧精細順滑、酒體飽滿圓

潤，表現十分出色，曾摘下多項國際大獎。另一款香樂桃紅葡萄酒亦由100％赤霞珠釀造，由於晚收成熟度極高，這款半甜的桃紅葡萄酒酒精度仍能高達 14.5 度，加之少量的單寧，令酒體整體更飽滿，入口甘美異常。

在經營管理理念上，喜歡在田間地頭擺弄葡萄、醉心於釀酒的莊主夫婦另闢蹊徑，為酒莊引入多位認籌莊主，認籌莊主便是每年酒莊出產葡萄酒的大買家，這項舉措一舉解決了葡萄酒的銷售渠道問題，讓莊主無需擔憂葡萄酒的銷量而專注於釀造好酒，同時也收穫了許多志同道合熱愛葡萄酒的朋友，實屬一舉多得。期待如此用心釀好酒的名麓酒莊釀出更多精品好酒。

①名麓酒莊主樓
②名麓香樂桃紅葡萄酒
③名麓赤霞珠干紅葡萄酒 2015
④酒莊掠影
⑤著名釀酒師周淑珍女士
⑥名麓酒莊莊主劉靖

①

志輝源石酒莊

(Chateau Yuanshi)

②

志輝源石酒莊由寧夏志輝實業集團投資2億餘元，於2008年開始建設。「源」字寓意賀蘭山之源，黃河之源。「石」字寓意酒莊的建築，全部使用賀蘭山下的卵石建造而成。酒莊的標誌為中國漢代的一塊團龍玉牌。龍，是中華民族的圖騰，體現了酒莊中的中國文化。這個園區面積達

①酒莊掠影

②志輝源石酒莊代表酒款之山之子和山之語

③品鑒大廳

④酒莊展廳裝飾細節

20000 平方米的酒莊化腐朽為神奇，建造於一個經重新設計改造的廢棄砂石礦場之上。酒莊採用中式風格，青磚黛瓦，一步一景，礦場的石料被重新用來裝飾酒堡，令酒莊整體建築風格自然淳樸而不失格調。內部設計講究細節與風水，隨處可見莊主私藏的古董及各種精巧物件，處處充滿故事。山之子、山之語及山之魂三個偌大的酒窖儲藏著酒莊的「靈魂」。葡萄園中一排排整齊的葡萄樹英姿颯爽得排列在礫石地裡，甚有氣勢。酒莊在建造時亦充分考慮到旅遊功能，並於莊園蔥翠中擇一安靜處，打造了舒適的遊客度假樓。

酒莊葡萄酒主要包括「石黛」系列和「山」系列。「石黛」系列葡萄酒包括干紅、干白、桃紅三種類型葡萄酒。在寬敞大氣而又別致的品鑒廳品鑒酒莊的代表酒款很有氣氛。石黛霞多麗干白的白花、核果香氣四溢，酸度清新爽脆，酒如其名乾淨清新。第二款赤霞珠濃鬱黑果香氣伴著些許青椒氣息，酸度讓人垂涎，餘味略帶寧夏特色的泥土甘苦味。「山」系列干紅葡萄酒包括山之魂、山之子、山之語三款，其中「山之魂」紅葡萄酒備受世界著名酒評家傑西斯．羅賓遜推崇。

山之語酒窖

酒莊荷塘

賀東莊園正門

賀東莊園代表酒款

賀東莊園

(Chateau Hedong)

賀東莊園是寧夏歷史悠久的莊園之一，同時亦是國家AAA級旅遊景區。前身是國營農場的賀東莊園在轉售於私人後，便逐步建成了如今2600畝的優質釀酒葡萄種植基地。基地主要種植品種為赤霞珠、品麗珠、蛇龍珠、西拉、黑皮諾、梅洛、霞多麗等。所釀造的葡萄酒在國內外屢獲大獎並獲得國際頂尖品酒師好評。

賀東莊園擁有國內罕有的200餘株百年老藤葡萄樹。據說，當年莊主買下賀東莊園時，對於埋土中的老藤葡萄樹並不知悉，在翻整園地時不少珍貴老藤盡毀於推土機下，實在令人痛心和惋惜。如今幾乎每一棵老藤葡萄樹都以有償方式擁有認領的主人，每次認領期為五年，回報即為這些老藤樹所產之葡萄酒，亦是頗為有趣的經營管理模式。

霞多麗干白和品麗珠干紅是酒莊的代表酒款。霞多麗帶有馥郁花果香，酸度保持得漂亮，酒體飽滿；品麗珠是產區內少有的100%品麗珠品種釀造，色澤呈寶石紅色，顯著青草味混合覆盆子等紅果香氣，單寧細膩，酒體適中，餘味帶泥土甘苦味。

有人說：「對於寧夏產區風土就是賀蘭山，就是黃河水，風土就是冬天用黃土埋藤，春天借輕風展藤。」這是何其富有詩意的解讀，相信寧夏一定會是世界釀酒版圖的重要一塊。

①

①百年老藤註釋牌
②莊園內百年老藤標示牌
③莊園葡萄園掠影
④賀東莊園的老藤葡萄樹

一如2011年《法國葡萄酒彙編》雜誌舉辦的中法葡萄酒盲品比賽中，中法兩國的十名品酒師對來自法國波爾多梅多克和中國寧夏賀蘭山東麓產區的數十種葡萄酒進行盲品，前四名竟被賀蘭山東麓產區包攬，分別是：怡園酒莊莊主珍藏（寧夏產區葡萄原料）、銀色高地2009、加貝蘭2009及怡園酒莊深藍2009（寧夏產區葡萄原料），這絕對是對賀蘭山東麓產區葡萄酒及釀酒人極大肯定與鼓舞。

①

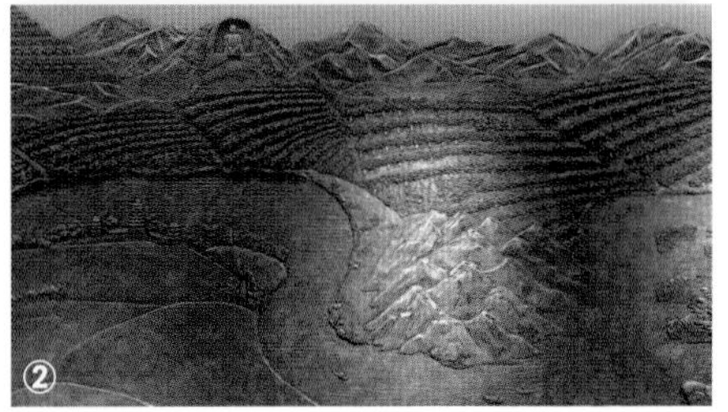
②

中國酒莊發展現狀

關於中國酒莊現狀及未來發展的幾點看法：

1. 中國葡萄酒產區及酒莊近幾年如雨後春筍般湧現，得益於世界葡萄酒行業大發展的帶動及各地政府對葡萄酒行業發展的大力支持，當然還有經濟發展人民生活水平和品質的提高以及對更精緻生活方式的追求不無關係，雖然有的產區出現精品酒莊，所釀造的葡萄酒品質優異，但大部分中國酒莊目前所出產的葡萄酒品質參差不齊，整體釀造水平有待提高。

2. 對於中國酒莊的許多莊主，他們是懷著一種情懷在做酒莊。中國酒莊目前盈利的亦在少數，很多酒莊的創始人或莊主都有其他產業，所營酒莊仍需要靠其他產業輸血才能正常運作。有人調侃說：許多中國酒莊莊主目前生活的日常不是在賣酒，就是在賣酒的路上。的確，情懷需要落地，如何將酒桶裡的葡萄酒變現是擺在很多中國酒莊面前的問題。這些都需要大量的投入、耐心與堅持才能做下去，偉大是熬出來的，但相信中國酒莊最終會熬出來。

3. 中國酒莊大多以國際流行葡

萄品種釀酒，但近年來，一些小眾葡萄品種亦收到不少中國酒莊青睞，可謂是「西方不亮東方亮」，在中國闖出了一片天，比如：馬瑟蘭。作者所知山西怡園酒莊、新疆天塞酒莊、寧夏賀蘭山東麓蒲尚酒莊等不少酒莊就專門推出了馬瑟蘭干紅葡萄酒。為什麼這麼多酒莊都開始對馬瑟蘭青睞有加呢？原來源自法國的馬瑟蘭其實是赤霞珠和歌海娜結合孕育出的「星二代」，釀出的葡萄酒通常顏色深邃、香氣濃郁，結構良好，單寧充足因而陳年潛力較強，口感很適合中國人，中國的酒莊認為它是一種極富潛力的品種。在追求品質和差異化的今天，相信馬瑟蘭這個品種將迅速得到發展。

4. 中國葡萄酒進口量由 2013 年的 40.59 萬千升增至 2017 年的 78.72 萬千升。中國目前是世界第五大葡萄酒消費國，葡萄酒的固定消費人群已不再限於中產階級和高端人士，越

①莊園酒窖內恢宏大氣的青銅浮雕
②青銅浮雕
③品鑒廳
④莊園酒窖

來越多的年輕人將加入葡萄酒消費大軍，而中老年消費者出於對健康養生的考慮，也會逐漸轉入飲用葡萄酒的行列。而國內酒莊很多葡萄酒卻賣不出去，中國消費大眾對法國、意大利、美國、西班牙等國的葡萄酒比較青睞，這與消費觀念的偏見不無關係，而這樣的偏見也是中國葡萄酒行業發展和前進的絆腳石。

5. 中國酒莊在品牌推廣營銷方面還需加大力度。寧夏賀蘭山東麓產區很多酒莊的白葡萄酒都很出色，應該説品質和口感不輸一些名莊的白葡萄酒，這一點在拜訪寧夏產區的不少酒莊時，大家都一致認可很多酒莊的白葡萄酒比其酒莊的紅葡萄酒出色。而這一點也在作者平時與一些資深葡萄酒愛好者聊天時得到印證。有位已是資深老酒鬼且每年都會去香港葡萄酒拍賣會拍酒的友人在一次閒聊中曾告訴作者，一次他在某五星級酒店行政酒廊點了一瓶寧夏賀蘭山東麓某酒莊出產的白葡萄酒，口感跟某些法國名莊的白酒有的一拼，但那一瓶酒的售價只有 350 元。大家可以想一下，同樣品質及口感的白葡萄酒，法國名莊要賣千元以上，而中國酒莊出品的售價卻只有它的三分之一，到底中國的出品差在哪裡呢？我想，很大一部分區別就是中國酒莊的品牌還沒有完全建立起來，這就需要酒莊自己、產區葡萄酒業協會或聯盟、媒體及葡萄酒愛好者等等多方面的努力共同來推動中國葡萄酒品牌的宣傳與發展。

介紹了一小部分來自中國各產區的精品酒莊及其代表酒款，亦可見到各個產區獨有的風土，體會釀酒人對釀酒的醉心堅持，正是他們的堅持才讓世人相信這些或高居魯西山中、或地處西北腹地、或位於滇南深山的酒莊能釀造出不亞於任何著名產區的好酒，讓人看到中國葡萄酒的希望與未來，讓人篤定民族終將走向世界。法國波爾多的成功已毋庸置疑，但與波爾多處於同緯度兩大部分中國辛區在日照、降雨等釀酒的自然條件實際上是優於波爾多的，中國內產區應不僅僅止步於「中國波爾多」，中國的葡萄酒產業和夢想亦不是成為第二個波爾多，而是打造世界上獨一無二，各具特色的中國葡萄酒產區。作為一名愛好葡萄酒的媒體人，筆者亦願為中國葡萄酒從民族走向世界的道路上搖旗吶喊。當然，中國葡萄酒產區中還有很多頗具潛力的優質酒莊，在此恕不能一一枚舉，讀者們如感興趣也可自行前往產區一探究竟。

葡萄酒的釀造是從葡萄園業已開始，歐洲雖有上千年的釀酒史，但就科技與網絡發展的今天而言，已沒有難以獲取的工藝、設備甚至所謂的秘密配方。不同的是：在同品質葡萄以及釀酒師水平差距不大的前提下，不同的釀酒師會有不同的風格（本土釀酒師可能更適合國人的口味），但對於在同一起跑線上的酒莊，誰能打造出一流的團隊，誰能種出最好的葡萄，誰能最快的接受並應用最新的科技成果，尤其在營銷與服務上摒棄舊思維，舊傳統而進入到合作、創新與共享的時代，誰將會取得成功。

歸根究柢，發展酒莊最核心的還是酒。縱觀幾千年葡萄酒業的歷史，無論是舊世界還是新世界，大家心目中真正推崇的葡萄酒酒莊，不在於它們是否擁有怡人的風景和雄偉的建築，而是真正意義上的來自他們通過精湛的釀酒技術向世人表達和傳遞對葡萄酒深刻的理解。只有當在對葡萄酒有著深刻的熱愛和領悟的前提下，才能熟練的掌握從葡萄的栽種、採摘、釀製到出窖的整個流程。而酒莊出產的酒正是人們翻譯和傳達了來自葡萄、土壤、氣候、人文的豐富內涵，最終形成人們對葡萄酒品牌的認知定位和對酒莊的獨家記憶。

作者於賀東莊園酒窖

作者：蘭晶
出版經理：林瑞芳
責任編輯：吳山而
封面及內頁設計：陳逸朗
出版：明窗出版社
發行：明報出版社有限公司
香港柴灣嘉業街 18 號
明報工業中心 A 座 15 樓
電話：2595 3215
傳真：2898 2646
網址：http://books.mingpao.com/
電子郵箱：mpp@mingpao.com
版次：二〇一九年四月初版
ISBN：978-988-8526-36-9
承印：美雅印刷製品有限公司